U0162767

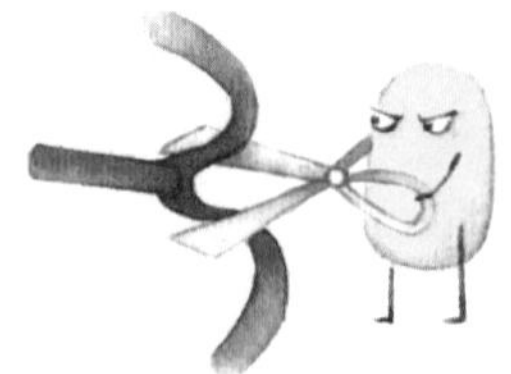

基因狂想曲

陈晔光 / 主编
许兴智 等 / 著
李立早 / 绘

南京大学出版社

图书在版编目(CIP)数据

基因狂想曲 / 陈晔光主编 ; 许兴智等著. -- 南京 : 南京大学出版社, 2022.3（2023.1重印）
（细胞生物惊奇事件簿）
ISBN 978-7-305-25090-3

Ⅰ. ①基… Ⅱ. ①陈… ②许… Ⅲ. ①基因—少儿读物 Ⅳ. ①Q343.1-49

中国版本图书馆CIP数据核字(2021)第217783号

出版发行 南京大学出版社
社　　址 南京市汉口路22号　　邮　　编 210093
出 版 人 金鑫荣
项 目 人 石　磊
策　　划 刘红颖　田　雁

丛 书 名 细胞生物惊奇事件簿
书　　名 基因狂想曲
主　　编 陈晔光
著　　者 许兴智　刘宝华　黄　俊　刘　杰　余加林　彭子文等
插　　图 李立早
责任编辑 洪　洋　　责任校对 邓颖君
终审终校 杨天齐　　装帧设计 城　南

印　　刷 中华商务联合印刷（广东）有限公司
开　　本 715mm×1000mm　1/16　印张 12.25　字数 150 千
版　　次 2022年3月第1版　2023年1月第2次印刷
ISBN 978-7-305-25090-3
定　　价 34.00元

网　　址：http://www.njupco.com
官方微博：http://weibo.com/njupco
官方微信号：njupress
销售咨询热线：（025）83594756

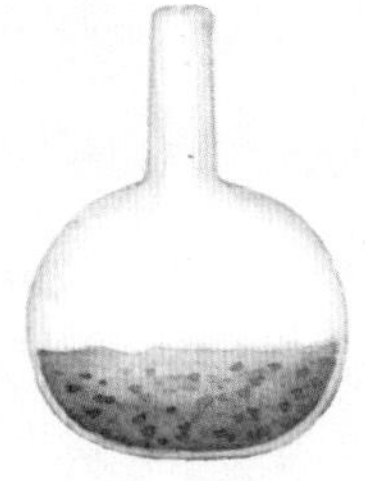

探索细胞的奥秘

陈晔光

中国细胞生物学学会理事长

地球上的生命五颜六色、丰富多彩，所有这些形形色色的生命现象和活动都是通过细胞体现出来的，因此，细胞是生命活动的最基本的结构和功能单元，也是我们理解生命现象的切入点。

中国细胞生物学学会是隶属于中国科协的全国一级学会，吸纳了从事细胞生物学及其相关学科的广大科技工作者，目前有近 2 万名会员。学会下设 9 个工作委员会和 18 个专业分会，覆盖了细胞生物学各个领域。学会一直致力于促进细胞生物学的发展，为国内外科学家提供学术交流平台，以多种形式组织各类学术活动，有力推动了细胞生物学领域的交流与合作。学会通过举办各类培训班，致力于提升我国细胞生物学的教学水平，并助力青年科技人才的成长。同时，学会与多个国际学术团体建立了良好的合作关系，促进了我国细胞生物学的国际交流与合作。在科普方面，学会不断努力、积极探索，通过搭建多种形式的科普交流平台，向公众普及细胞生物学的相关知识和最新科研成果，包括每年在全国范围内开展面向公众的实验室开放日活动、科普大师校院行以及一年一度的诺贝尔生理学或医学奖和诺贝尔化学奖解读讲座等一系列活动；此外，我们还建立了多个科普教育基地。

“细胞生物惊奇事件簿”系列科普图书是中国细胞生物学学会与南京大学出版社的合作项目，通过出版细胞生物学系列科普图书，向公众普及细胞生物学相关知识，特别是与人们的生活、身心健康息息相关的知识。第一批出版的书包括《你的生物钟是几点？》（徐璎教授等著）、《基因狂想曲》（许兴智教授等著）、《药物的体内奇幻漫游》（朱亮教授等著）等，这些图书的编著者都是相关领域的知名专家，他们用通俗易懂的语言介绍了什么是生物钟，生物钟对人和动植物生命活动的影响，基因的损伤与细胞功能变化、疾病发生的关系，药物如何进入细胞、在人体内如何起作用，等等。

出版“细胞生物惊奇事件簿” 系列科普图书是本学会在科学普及方面的一种新尝试，我们希望通过出版更多的、覆盖不同专题的优秀科普图书，向公众普及细胞生物学相关知识，同时也殷切希望更多的科技工作者能加入科普队伍当中。

最后，我衷心希望，你们也能跟我一样，喜欢这些通俗易懂的科普图书！

2021 年 12 月 2 日

目录

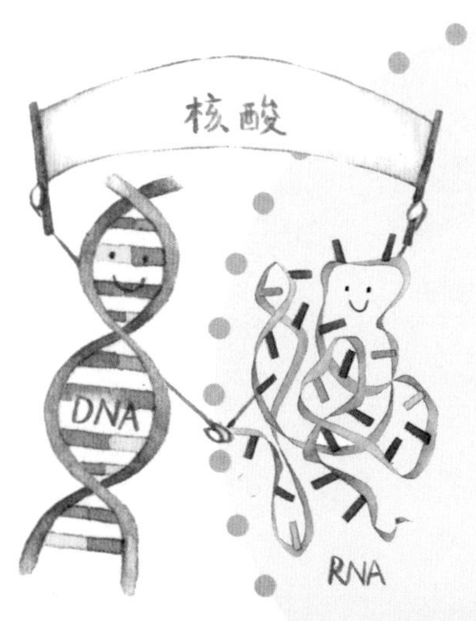

第一章　由四个字母串成的基因诠释我们的一生

文赫

基因——给予生命

基因是什么？基因（Gene）一词，是1909年丹麦生物学家约翰逊根据希腊文“给予生命”之意创造的。它是携带有遗传信息的DNA序列，是控制性状的基本遗传单位。

基因通过转录成RNA，再由RNA翻译成蛋白质，最终表达自己所携带的遗传信息，从而控制生物个体的性状表现。但是人们对于基因的理解直到1953年沃森和克里克提出DNA双螺旋模型之前还是抽象的、概念化的、缺乏准确的物质内容的。

接下来让我们通过时间的先后顺序和科学家的各种实验了解一下基因这个词吧。19世纪60年代，遗传学家孟德尔通过豌豆杂交实验提出了基因控制生物性状的观点。20世纪初，科学家摩尔根通过果蝇的遗传实验确认了基因存在于染色体上，且呈现线性排列，从而得出了染色体是基因载体的结论。随着分子遗传学的发展，20世纪50年代以后，科学家提出DNA双螺旋结构，之后人们才真正认识到基因是具

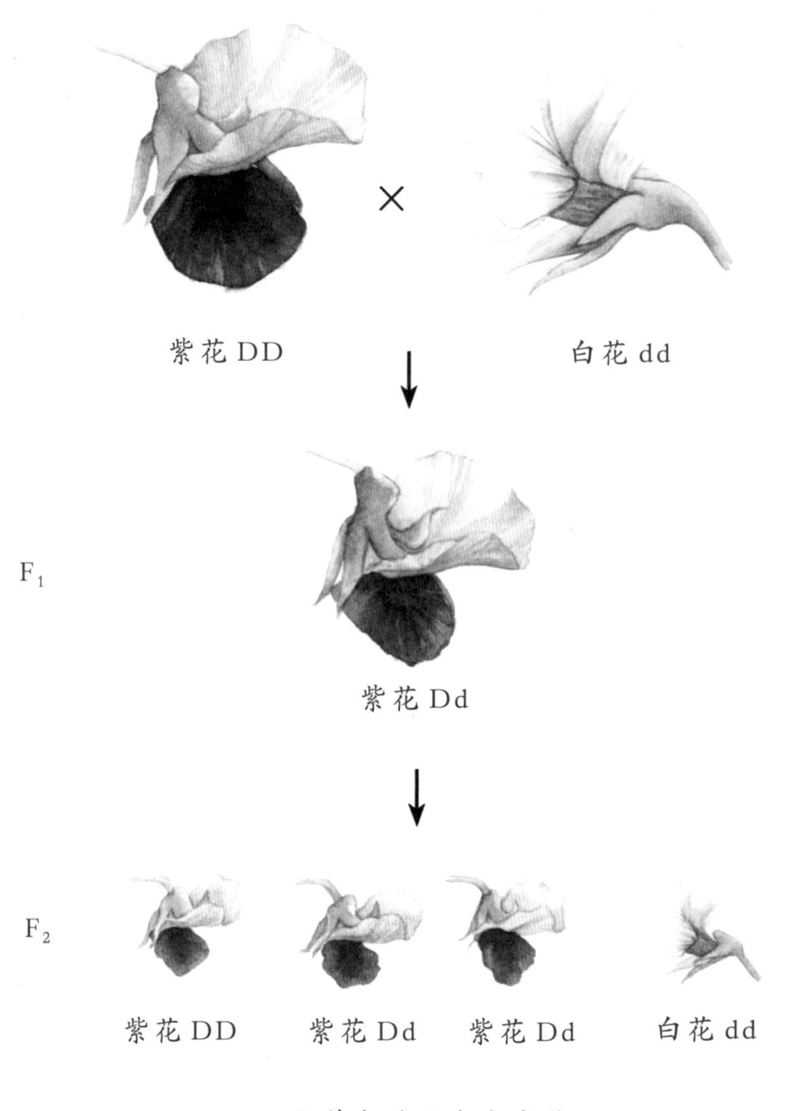

孟德尔豌豆杂交实验

有遗传效应的 DNA 片段。

基因的概念随着各种生物相关领域的发展不断完善，现在我们知道的是，一般情况下，每一个染色体只含有一个 DNA（脱氧核糖核酸）分子，每个 DNA 分子都含有很多个基因，每个基因含有成百上千个脱氧核苷酸（组成 DNA 的基本单位）。

由于不同基因的脱氧核苷酸的排列顺序（碱基序列）不同，不同的基因就含有不同的遗传信息。基因通过复制把遗传信息传递给下一代，后代出现与亲代相似的性状，并储存着生命孕育、生长、分化、衰老、死亡的全部信息，是决定生物体健康的内在因素。可以说基因诠释我们的一生。

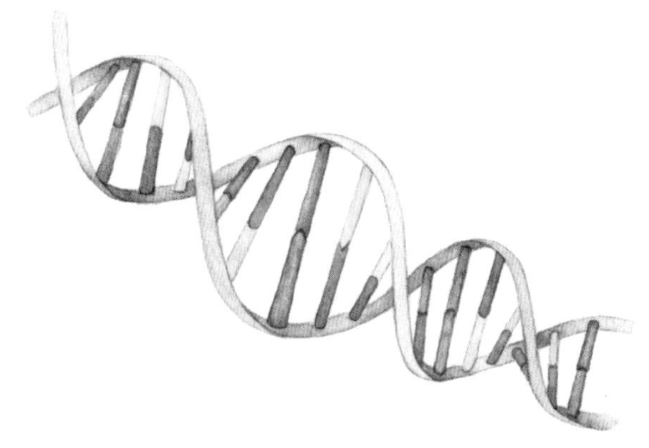

核酸是由什么组成的呢?

核酸由核苷酸组成，而核苷酸单体由五碳糖、磷酸基和含氮碱基组成。

核酸是生命的最基本物质之一。

依据化学成分的不同，核酸可被分为RNA(核糖核酸)和DNA(脱氧核糖核酸)。那么，DNA 和 RNA 分别具有什么样的功能呢？DNA 是遗传信息的载体，是保持物种进化和世代繁衍的物质基础，也是个体生命活动的信息基础；而 RNA 是遗传信息的传递者，主要功能是参与蛋白质的合成。

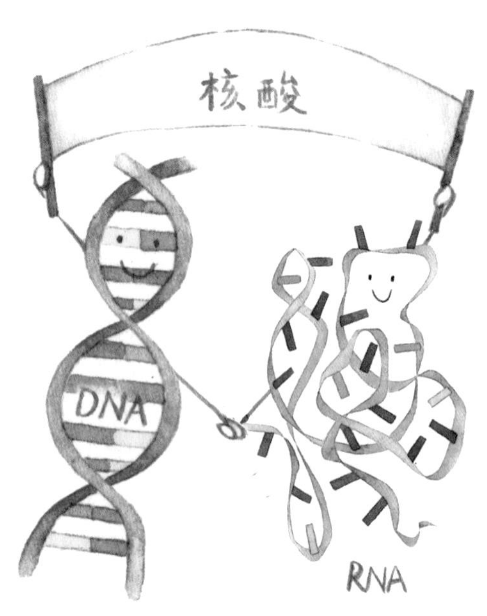

我们可以知道无论在动物、植物还是微生物细胞中都含有 DNA 和 RNA，它们约占细胞干重的 5%—15%。核酸不仅决定生物体遗传特征，担负着生命信息的储存和传递的重任，而且在生长、遗传、变异等一系列重大生命现象中起决定性的作用。组成 DNA 的基本单位是四种脱氧核苷酸，而组成 RNA 的基本单位是四种核糖核苷酸。

细胞干重为细胞去除水分后的重量。

接下来我们介绍一下核酸组成部分中的碱基。如果我们把 DNA 或 RNA 比喻成一条项链，那么碱基就是镶嵌在项链中的各种宝石，像红宝石、绿宝石、蓝宝石等不同种类的宝石。核酸中的碱基分别属于嘌呤和嘧啶两类。常见的嘌呤包括 A(腺嘌呤)和 G(鸟嘌呤)，为 DNA、RNA 共有成分。常见的嘧啶包括 C(胞嘧啶)、U(尿嘧啶)和 T(胸腺嘧啶)，其中 C 存在于 DNA 和 RNA 分子中，T 存在于 DNA 分子中，而 U 仅存在于 RNA 分子中，为其特有的碱基。即 DNA 分子中的碱基成分为 A、G、C 和 T；而 RNA 分子则主要由 A、G、C 和 U 四种碱基组成。生命的奥秘就隐藏在由各种碱基书写的无字天书里。

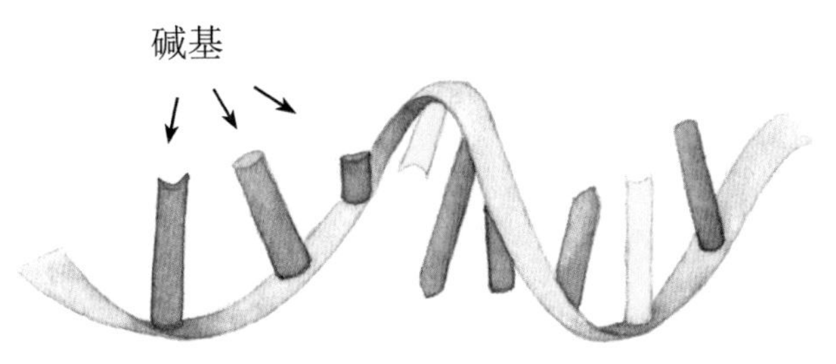

基因的组构

通过上述的介绍，我们大概可以知道基因是什么。那么基因的组构是怎样的呢？我们将单个基因的组成结构以及个体内的基因组织排列方式称为基因组构。基因的组织结构包含编码区序列和调控序列。基因的编码区序列就像是控制大局的国王，是一段可以编码蛋白质产物的序列；而调控序列则像辅助国王的大臣们，帮助国王完成他的工作。调控序列包含位于基因两侧或其内部的启动子、增强子、沉默子、绝缘子、反应元件、加尾信号、终止子等。

接下来让我们了解一下各个类型的基因吧。基因能够分为多种类型，根据基因功能不同，我们可以将其分为结构基因、调节基因和操纵基因。

结构基因是决定合成的某一种蛋白质分子结构的一段DNA。结构基因的功能是把携带的遗传信息转录给mRNA，再以mRNA为模板合成特定氨基酸序列的蛋白质。调节基因是调节蛋白质合成的基因。它能使结构基因在需要某种酶时就合成某种酶，不需要时则停止合成，它对不同染色体上的

结构基因有调节作用。而操纵基因则起到一个开关的作用，它位于结构基因的一端，是操纵结构基因的基因。当操纵基因“开启”时，处于同一染色体上的、由它所控制的结构基因就开始转录、翻译和合成蛋白质；当它“关闭”时，结构基因就停止转录与翻译。操纵基因与一系列受它操纵的结构基因合起来就形成一个操纵子。

人类基因组计划

人类基因组计划（Human Genome Project，HGP），1990年正式启动，由美国、英国、法国、德国、日本和中国科学家共同完成。人类基因组计划与曼哈顿原子弹计划和阿波罗计划并称为三大科学计划。人类基因组计划的主要任务是绘制人类基因组的遗传图、物理图、序列图和基因图。目前，遗传图、物理图已完成，序列图和基因图正逐步充实。每个人都是独一无二的基因组版本的主人，包括同卵双生儿，没有一个人会和其他人的基因组完全相同，即使他们之间的相似性高达99%。

人类基因组计划样品来自不同人群的志愿者的血液样本（男性和女性）和精液样本（男性），最终使用的DNA样本是捐献样本的一部分。具体说是8个男人的3个精子和5个体细胞，以及1个女人的1个体细胞，其中包含了白种人、黑种人和黄种人。在样本选择之前，样本上所有的标识物全部被移除，因此捐

> 人有体细胞和生殖细胞，精子属于生殖细胞。

献者和研究者不知道谁的 DNA 被测序了，而测序的结果是一个平均结果，因而被称为参考序列。

当不断深入研究和了解人类基因组时，我们会发现其中的奇异特性。例如：基因的数目比原先想象的要少得多。基因组计划图谱告诉我们，人类基因数目只在 2.6 万至 4 万个之间。而通过基因组地形图，我们可以发现人类基因组中 41% 的碱基为 G 和 C，其余为 A 和 T。大约半数序列为重复序列，只有 1.5% 序列编码蛋白质。

基因不均衡地散布在基因组中，有的甚至粘连在一起，被遗传学家称为人类基因组的“拥挤地带”，基因组的其他区域被称为“荒漠地带”。

科学家也发现了转录因子的过量表达的情况，我们知道转录因子是基因的开关，能调节和控制个体发育等，且能对环境中有害因子引发的突变进行修复。

研究表明，全世界所有人种不仅共同来源于非洲，而且迄今为止，人与人之间尽管肤色、脸形、发型、发色和发质等有着明显差异，但遗传基础本质上并无差异。种族优生论的观点看来得不到基因组学家的支持，恰恰相反，基因组数据粉碎了种族优生论这一谬论。

基因决定性状？

子女的基因一半来自父亲，一半来自母亲，它们在细胞里组合在一起，最后塑造出一个新的个体。生命的所有特征（或称为性状），都是由这些基因控制的。性状是认识人、区分人的重要依据。性状基本上分为形态（包括解剖）、生理（包括生化）以及行为三大类。

双胞胎在很大程度上能够解释这个问题。从一个受精卵发育而成的一对双胞胎，性别相同，其他性状也极相似，人们难以区分他们。同卵双生儿的表现性状如发色、发质、眼睛形态和颜色、鼻形、唇形、耳形以及脸形等几乎完全相同；

同卵双胞胎

有不少行为也相似。异卵双胞胎，约有一半是龙凤胎，即一男一女；另有一半是同性别的。他们间的相似程度要小于同卵双生的，尤其是随着年龄的增长，异卵双胞胎的差异会更大，但比一般同胞之间的相似程度高。同卵双胞胎比异卵双胞胎的相似性大，原因在于前者间的基因是相同的。异卵双胞胎比一般同胞之间的相似性要大，原因在于前者在胚胎期处于同一环境中。上述情况表明，性状在很大程度上是由基因决定的。

异卵双胞胎

基因突变

什么是基因突变呢？导致基因突变的原因有哪些？基因突变导致的后果又有哪些呢？接下来，让我们了解一下基因突变吧！基因突变是指DNA分子中碱基对的增添、缺失或改变而引起的基因结构的改变，通常发生在DNA复制时期；同时，基因突变与DNA的复制、DNA损伤修复、癌变和衰老都有关系。所以研究基因突变除了本身的理论意义以外，还有广泛的生物学意义。

基因突变的自然发生概率非常小，绝大多数的基因突变都在外界因素干扰的情况下发生。研究表明，诱发基因突变的因素有以下几种：紫外线照射、化学药物、水污染、空气污染、有毒物质的残留、辐射和长期抑郁的心理状态以及不规则的生活习惯。

基因突变导致的后果可根据基因突变对机体影响的程度不同，分为以下几种情况：后果轻微，对机体产生不可察觉的效应；也可能会在遗传学上造成遗传差异，如血清蛋白类型、ABO血型；也可能会产生遗传易感性或遗传性疾病等。

我们通常认为基因突变都会导致不良后果，但是它也可能给个体的生育能力和生存带来一定的好处。例如，HbS 突变基因杂合子比正常的 HbA 纯合子更能抗恶性疟疾，有利于个体生存。

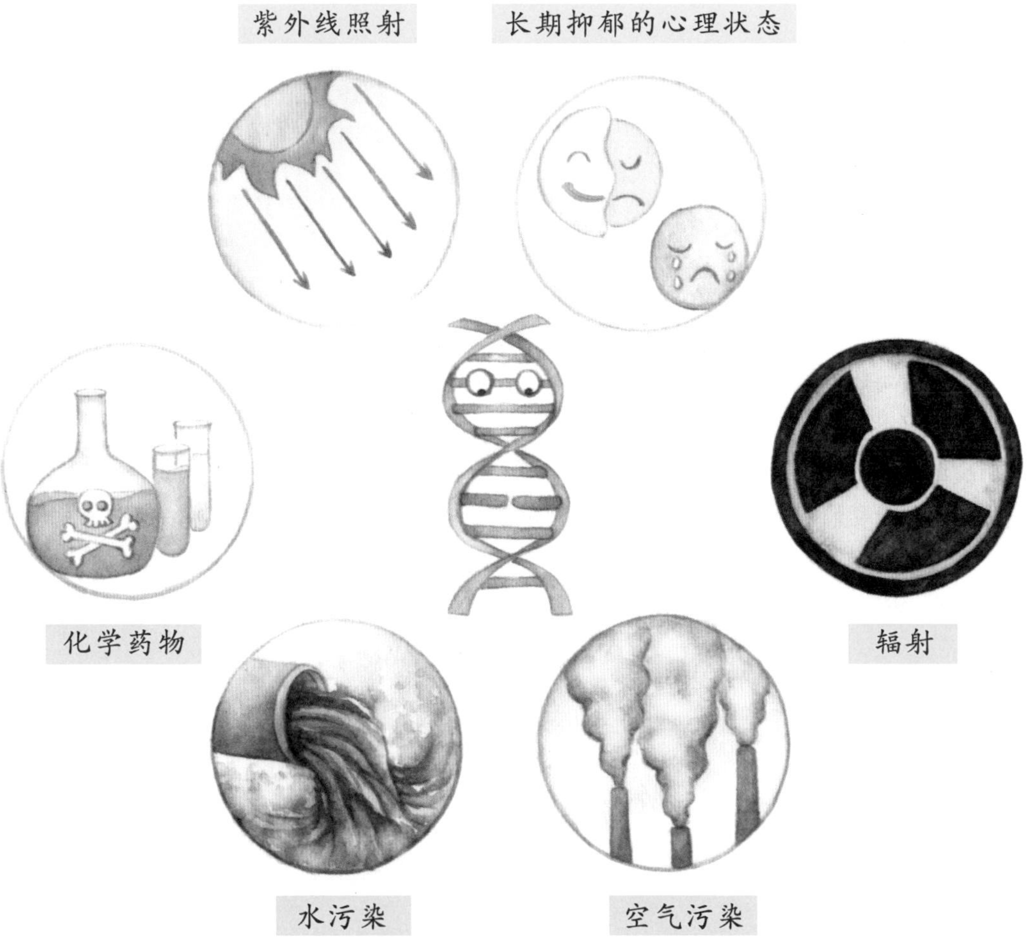

紫外线照射

长期抑郁的心理状态

化学药物

辐射

水污染

空气污染

染色体变异与遗传病

相信大家对“染色体”这个词虽不陌生，却对它知之甚少。在生物的细胞核中，有一种易被碱性染料染上颜色的物质，叫作染色质。染色体是有结构的线状体，是遗传物质基因的载体。

> 染色体在细胞的有丝分裂间期由染色质螺旋化形成。

那么人类的染色体是怎样的呢？我们可以了解到人类染色体有46条，一半来自父亲，一半来自母亲。母亲提供卵子，父亲提供精子，精卵结合后，发育成“受精卵”。在基因的指导下，受精卵按正常的轨迹发育成胎儿，即46条染色体有规律地复制、分裂，均等地把遗传物质分配给子细胞。正常的女性性染色体组成是XX，男性是XY。父亲把X染色体

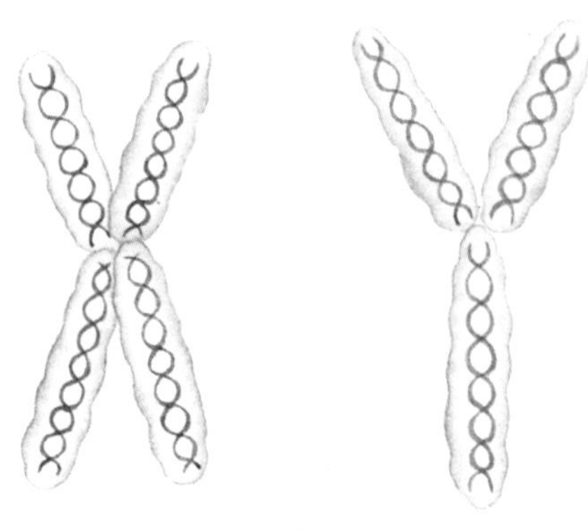

传给女儿，又有可能通过女儿传给外孙和外孙女。父亲把 Y 染色体传给儿子，且儿子的 X 染色体只能来自母亲，而儿子又把 X 染色体传给了自己的女儿。

染色体的数目或结构的异常会造成染色体遗传病。

我们先了解一下数目异常导致的染色体遗传病吧。正常人的细胞中含有 22 对常染色体和 1 对性染色体，当染色体数目发生变异，呈现染色体数增减，称为数目异常的染色体遗传病。这类遗传病可再分为性染色体遗传病和常染色体遗传病。性染色体遗传病的代表是特纳综合征，又称为先天性卵巢发育不全综合征，表现为没有卵巢滤泡，性器官发育不全，体型矮小。这类女性，比正常女性少了一条性染色体，绝大多数智力正常，除极个别能怀孕外，一般终身不育。而常染色体遗传病，最常见的为 21 三体综合征，又称先天愚型或唐氏综合

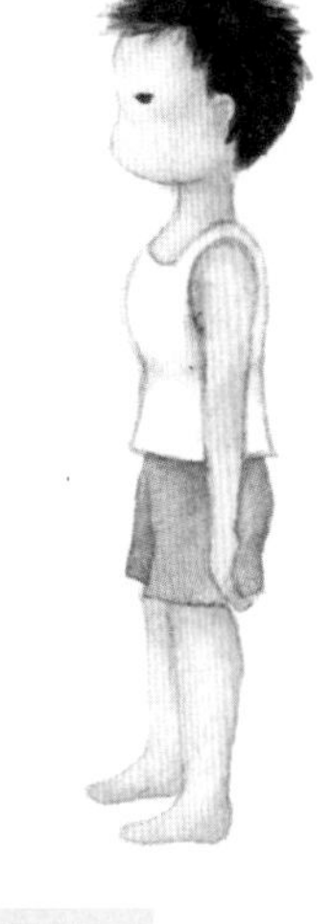
特纳综合征

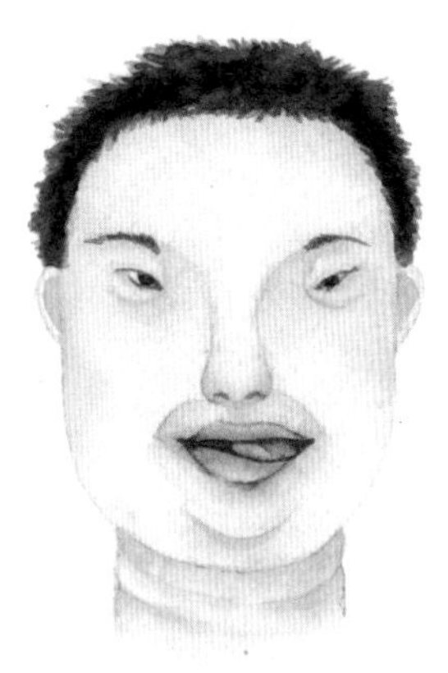
21 三体综合征

征，患者主要表现为智力低下。

染色体结构异常的遗传病种类繁多，可分为缺失、重复、倒位、易位等。缺失就是某染色体的某一段丢失了。重复是染色体上有一部分基因重复串联，比正常染色体多出一段。倒位指染色体断裂后连接时，基因顺序发生颠倒的现象。易位指两个非同源染色体的交换，是染色体病中最常见的类型。大多数染色体变异对生物体是不利的，有的甚至导致死亡。

> 一对染色体与另一对形态结构不同的染色体，互称为非同源染色体。

通过上面的学习，我们可以认识到基因是什么、核酸的组成、基因的组构、各种类型的基因、人类基因组计划、基因和性状的关系、基因突变、染色体变异及其导致的遗传病。基因的活动会导致不好的影响，但也可能对人体带来益处，所以说基因牵扯着人体的喜乐哀痛。希望通过上述的科普，大家可以了解到基因与健康之间的关系，并且能够激发起大家对学习医学类知识的兴趣。

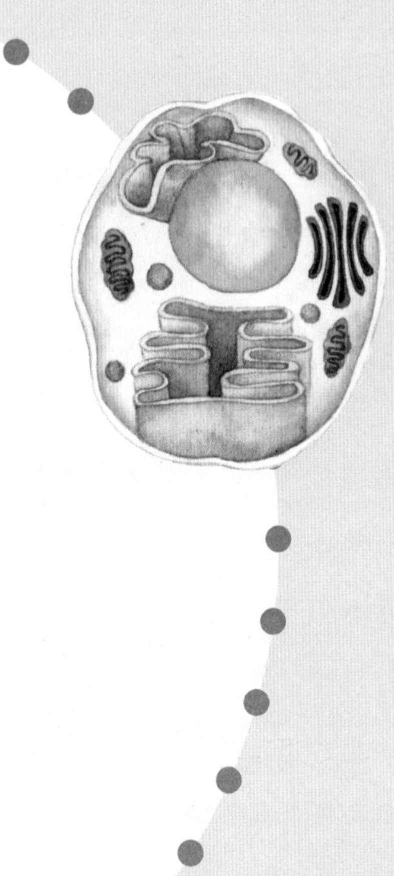

第二章　基因需要我们的呵护

程子修　宋礼志　卜敏　田甜　黄俊

种瓜得瓜，种豆得豆

在电影《功夫熊猫》里面，有这样一段对话：

龟大师："是的，看看这棵树，师傅，我不能让它为我开花，也不能让它提前结果。"

师傅："但有些事情我们可以控制，我们可以控制果实何时坠落，可以控制何时播种，那可不是幻觉，大师。"

龟大师："是啊，不过无论你做了什么，那个种子还是会长成桃树，你可能会想要苹果或者橘子，但是你只能得到桃子。"

如果你想得到桃子，那么就需要播种桃子，如果你想要苹果，就要播种苹果，这就是我们平时所说的"种瓜得瓜，种豆得豆"。

为什么桃树结桃子，而把桃子种下去会继续长成桃树呢？

为什么我们人类进化了 25 万年，还是和我们的先祖智人一样都是直立行走？

这些现象的基础就是遗传，通过遗传，我们获得了父母的遗传信息，得到了和父母相似的性状，然后再将这种遗传信息传递给我们的下一代，完成遗传信息的传递和生命的繁衍。

那么，遗传信息的载体是什么？

生物体又是怎么将自己的遗传信息传递下去的呢？

这就要说到20世纪最伟大的生物学发现之一——DNA的双螺旋结构。

生物体通过将简单的A、T、C、G四个碱基进行排序，把自己的遗传信息编码储存在DNA之中；双螺旋结构的DNA再通过半保留复制，精确地完成遗传信息的扩增；细胞在完成DNA的扩增后，进行细胞分裂，将染色体上的基因均分到两个子细胞之中，完成遗传信息从母细胞向子细胞的传递。从生物个体这个层面来讲，我们人类是二倍体生物，即相同的遗传信息我们有两套，一套来自父亲，一套来自母亲，这样我们就分别从父母那里得到了他们的遗传信息。为了维持我们遗传性状的稳定，DNA不仅要能够精确地复制，还要有足够的稳定性，才能保证在遗传的过程中我们的信息不会出错。

我们的DNA稳定吗？

稳定，但不是绝对稳定。DNA在我们的细胞内面临着各种各样的威胁，这些威胁会对我们的DNA造成损伤。为了维持DNA的稳定性，细胞进化出了各种各样的方式来对抗这些威胁，从而呵护我们的DNA。

造成基因损伤的因素多种多样，主要为体内的内源性因素和各种外界因素。让我们一起看看吧！

内源性因素

地球上种类繁多的生命形式共同构成了缤纷多彩的大千世界。大到在千百万年前称霸地球的恐龙，小到肉眼看不见的细菌，以及人类深恶痛绝的各种病毒，它们进行生命活动的基本单位都是细胞。细胞是生物体结构和功能的基本单位，也是基因客观存在的场所。细胞有条不紊地进行各项生命活动，生物体才能健康地生存。然而细胞代谢产生的副产物、细胞分裂复制时发生的随机错误等，都会造成基因的损伤，干扰正常的生命活动。

细胞代谢——凡事有利必有弊

作为生物体结构和功能的基本单位，细胞在维持生命活动的过程中究竟扮演了什么样的角色呢？我们将视角回归到人类自身，一个人大约由 40 万亿到 60 万亿个细胞组成，这些细胞伴随着我们的生老病死，为我们完成各项生命活动提供助力。而提供助力需要一系列化学反应，我们一般将这一过程称为“细胞代谢”。细胞代谢通常被分为两类：利用能

量合成细胞中各个组分（如蛋白质和核酸）的合成代谢和将生物大分子进行分解以获得能量的分解代谢（如细胞呼吸）。简单来说，合成代谢类似我们吃饭吃肉、长高长壮的过程，

我们吃进去的食物被转化成了我们自己身体的一部分；分解代谢就相当于我们吃饭之后要散散步，而走路需要消耗能量，那么身体就把我们体内的糖类和脂肪消耗掉，给我们的身体供给能量，这样我们才有力气迈开双腿。生物体通过两种代谢途径不断进行物质和能量的交换，这也就是“人如其食”（你吃的东西会影响你的身体状况）这句谚语的生物学基础。如果一个人长期吃垃圾食品，那么他的身材、皮肤和头发等，都会变得糟糕，所以我们倡导健康饮食，来维持身体健康。

人体内主要的生物大分子包括糖类、蛋白质、脂肪以及核酸等。以糖类为例，糖类又被称为碳水化合物，我们一般吃的主食，如米饭和馒头，其主要成分都是糖类。糖类是生物体生命活动的主要能量来源。我们吃到肚子里的米饭和馒头在肠胃里被消化吸收后，再被我们的细胞所利用，我们的细胞再通过呼吸作用分解这些糖类，以产生能量供我们身体使用。

这里的呼吸作用不是指细胞真的用嘴巴和鼻子来呼吸，而是因为有氧呼吸这个过程需要将我们呼吸获得的氧气作为原料和我们体内的糖类反应，最终产生大量能量，这是我们呼吸最重要的目的。

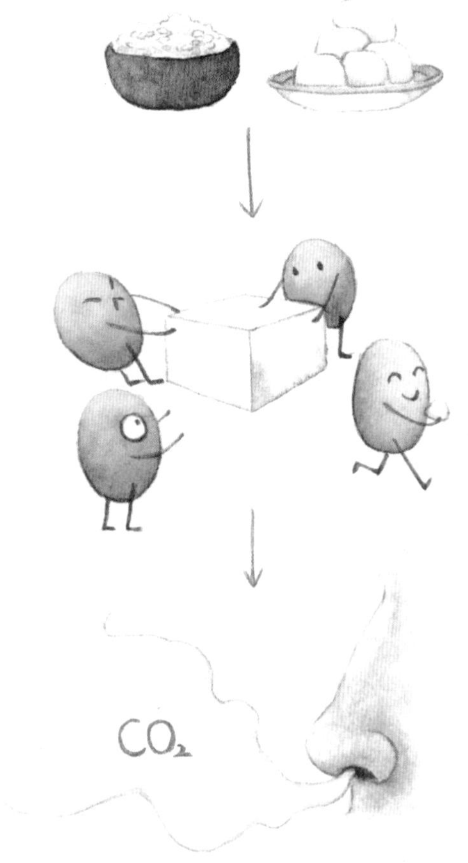

细胞的有氧呼吸能够产生大量的能量来支持我们细胞和身体的活动，但是这种代谢方式并非“有百利而无一害”。所有的需氧生物都无时无刻不被暴露于细胞内自发产生的活性氧（ROS）环境中。这些活性氧主要是由细胞呼吸和代谢过程中氧气的不完全利用产生的，具有很强的氧化性。在某些情况下，这些活性氧对于我们的免疫力有着积极的作用，但在细胞内积累过多将导致各种各样的问题。细胞中活性氧的水平与肿瘤的发生发展密切相关，以乳腺癌为例，在乳腺癌发病早期，细胞内的活性氧水平显著升高，活性氧对 DNA 的攻击会导致 DNA 的断裂，造成机体病变。这也是为什么有很多保健产品和化妆品针对抗氧化大做文章。

DNA 复制错误——人非圣贤，孰能无过

细胞的生命活动除了在代谢过程中产生活性氧，给机体带来损害之外，在细胞自身增殖过程中也会产生错误从而导致细胞正常生命活动的紊乱。其中最为严重的一类就是 DNA 复制过程中产生的错误。

DNA 是生命的遗传物质。在生命繁衍过程中，维持遗传物质的稳定性至关重要。DNA 复制是生物体最基本的生命活动之一，DNA 在复制过程中，以 DNA 双链的一条链为模板进行复制，最后出现完全相同的两条 DNA 链。其中，DNA 分子独特的双螺旋结构提供了精确的模板，并且通过碱基互

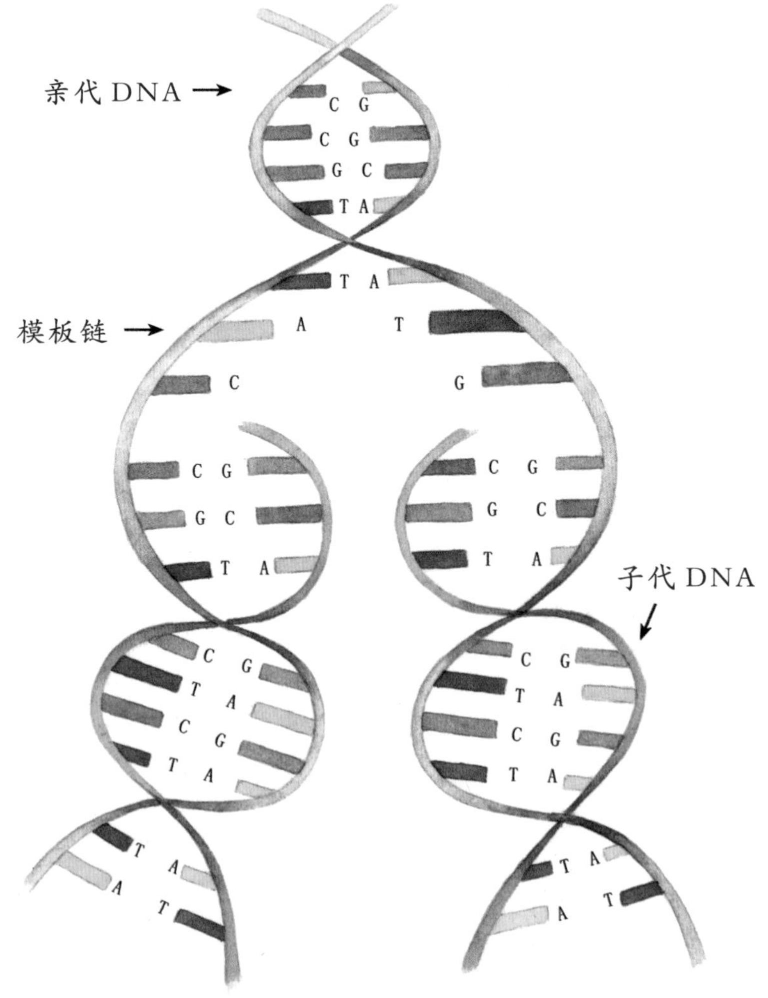

补配对的原则保证复制的准确性。这样一来，DNA 双链携带的遗传信息便能够从亲代稳定、连续地传递给子代。

人类有 30 亿对碱基，虽然经过这么多年的进化，我们体内负责复制 DNA 的酶有很高的保真性，然而人非圣贤，孰能无过，何况要面对的工作量如此之大。我们的细胞复制 DNA 时，有可能会出错，频率大约为一百次中发生一次，一旦复制过程中出现碱基错配且未能及时被修复，则会造成子代遗传信息的紊乱，增加细胞癌变的概率。最新研究表明，28.9% 的癌症相关基因突变源于外部环境因素，5% 为遗传所致，剩下的 66.1% 的癌症相关基因突变都是由 DNA 复制中的随机错误导致的，这足以说明 DNA 复制错误导致的基因损伤是癌症发生的重要因素。

针对碱基错配造成的 DNA 复制错误，细胞进化出了一套完整的识别和修正错配的修复系统，可以识别出 DNA 双

链中正确的“母链”和错误的“子链”，特异地将“子链”错配的部位切除并重新连上正确的碱基，完成基因损伤的修复，达到纠错的目的，使错误率从原本的一百分之一降低到了一百亿分之一，极大地保证了遗传物质的正确传递。

外界因素

除了机体内部自发性的基因损伤外，多种外界的环境因素对基因也并不友好，均能造成不同类型、不同程度的基因损伤，威胁我们的身体健康。

紫外线——来自太阳的双刃剑

如果有人问到如何保养皮肤，我想大多数人一定会提到防晒。

我们每天都生活在太阳之下，阳光为我们带来光明和能量。我们享受着它给我们带来的一切，但是我们中的大部分人可能都意识不到太阳光给我们的健康，尤其是我们皮肤的健康带来的潜在威胁。我们都知道当阳光在空气中折射时会形成彩虹，然而在赤橙红绿青蓝紫这些可见光之外，还有我们肉眼所不可见的紫外线与红外线。而这紫外线，就是威胁我们基因健康的“元凶”之一。

我们的遗传物质是DNA，在正常的情况下，DNA双链中A(腺嘌呤)和T(胸腺嘧啶)配对，G(鸟嘌呤)和C(胞嘧啶）配对，这样严格的配对方式保证了DNA的两条单链携带着相同的信息，这样在DNA复制的时候以这两条单链作为复制的母链，产生的子链也携带有和母链一样的信息，从而也就保证了信息在遗传时的稳定性。当DNA受到紫外线的照射时，碱基会发生错误的联结。在复制过程中当高保真的DNA聚合酶遇到这种结构时，就会停滞不前或者激活跨损伤合成这一条通路，用低保真的DNA聚合酶来完成这一区域的复制，这样一来就有可能会引入错误，这种错误就可能会导致DNA的突变，进而影响我们细胞的功能，对我们的健康造成损害。

我们几乎每天都会受到太阳光的照射，有人可能会问：那阴天呢？阴天云层确实可以把绝大部分的太阳光反射回去，但是即使是很厚的云层，对于紫外线的隔离作用也不会太好。所以不管是晴天还是阴天，我们都要注意保护我们的皮肤，让它不要受到太多的紫外线辐射。

其实说到紫外线对于DNA的损害，大部分人多少都会有一点模糊的概念，但是暴露在阳光下的皮肤细胞究竟会产生多少DNA损伤？而我们的机体又存在着什么样的机制来应对这样的损伤？据估计，当暴露在强烈太阳光下时，平均每一个细胞每小时会产生十万个DNA的损伤。这个数字可能会出乎很多人的意料，十万个DNA损伤是有些耸人听闻，但事实的确如此，我们的DNA无时无刻不被各种危险所包围。那么这就产生了一个让人担忧的问题：面对这么多的损伤，细胞如何保持自己基因组的稳定性呢？这就涉及我们细胞内所存在的多种DNA损伤修复途径，这些修复途径各司其职，分别应对各种DNA损伤，将损伤的DNA恢复到正常的状态，从而维持我们基因组的稳定性。对于紫外线造成的损害，我们的体内存在着高效的保护机制，主要有以下两种：其一是把错配的碱基切掉，再重新复制；其二是不管不顾，即使有错误也一条路走到黑，继续合成。第二种听起来有点不靠谱，竟然不管对不对就继续复制，但实际上当没有办法及时修复

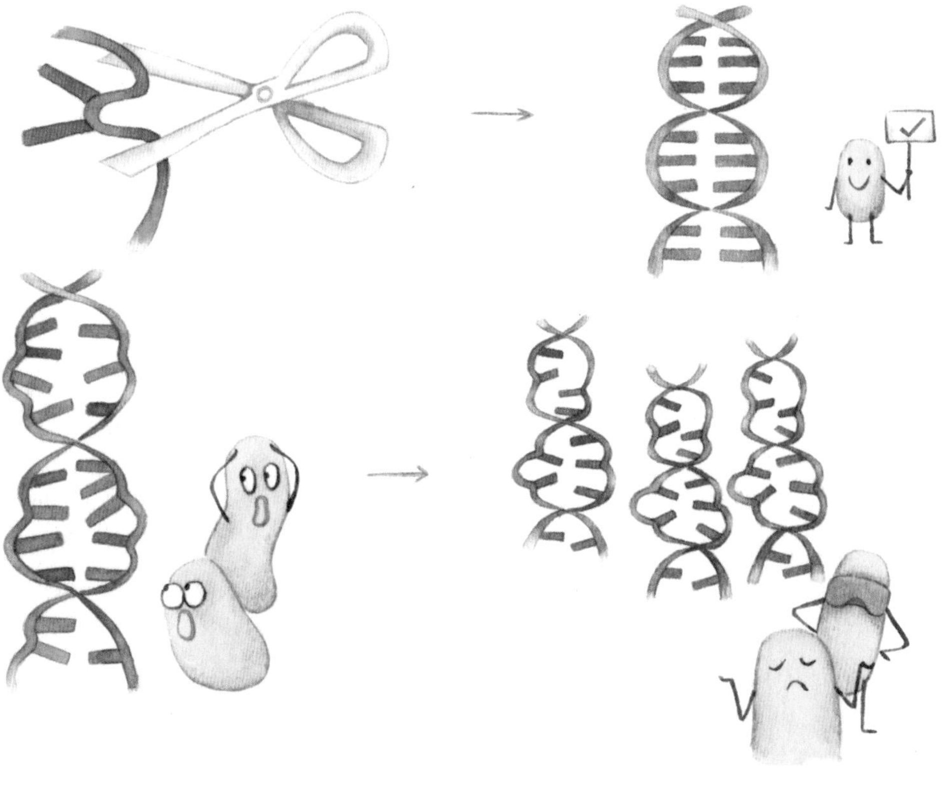

这个错误时，细胞也只能壮士断腕，弃车保帅。生存还是毁灭，这是一个问题，我们的细胞也会遇到这样的两难选择，在突变和死亡之间，细胞只能选择带着错误继续活下去，虽然是一个不得已的选择，但也是一种生存智慧。

其他辐射——糖衣吃进去，炮弹吐出来

除了紫外线以外，生活中我们还会接触到其他各种各样的辐射，现在很多人谈“辐射”色变，仿佛但凡辐射便是有害的，是需要远离的。我们也经常可以看到类似“小区建通信基站，居民担心辐射影响集体抵制”之类的新闻，而市面上也会有所谓的“防辐射服”，还有类似“仙人掌防辐射”之类的谣言，可见大众对于辐射的恐惧。实际上，辐射是一个客观存在的、无处不在的东西，而且并不是所有波长的辐射都会对人的健康造成负面影响。按照对物质所产生效应的不同，人们将电磁辐射分为电离辐射和非电离辐射。

电离辐射是可以使物质发生电离效应的辐射，这种辐射所携带的能量高，足以使物质原子中的电子成为自由态，从而使这些原子发生电离。一般来说电离辐射的波长小于100纳米，电离辐射一般包括宇宙射线、X射线和来自放射性物质的辐射，我们平时去医院拍的X光片、胸透和癌症患者所选择的放射性疗法，都是属于电离辐射。这也是孕妇慎拍X光片和胸透的原因。

非电离辐射包括紫外线、热辐射、微波和无线电等。电离辐射属于一类致癌物，即“有明确致癌性”的物质，所以我们应当尽量避免接触这类辐射。而非电离辐射中，如我们提到的紫外线，也会损害我们的DNA从而有着潜在的致癌风险，也是一类致癌物。

这里需要明确的一点是，各种致癌物的分类，是根据是否有确切的证据表明它能够导致人类患上癌症规定的，和它的致癌强度以及对人类的实际威胁并没有直接的联系。一类致癌物中黄曲霉毒素（发霉的大米中黄曲霉产生的毒素）、香烟、苯并芘、酒精这些早已“声名”在外，而中式腌鱼、紫外线这些听起来并不算太可怕的物质其实也是一类致癌物。一种物质有明确的致癌性，并不代表接触了它一定就会致癌，所以大家也不必谈紫外线色变，也不要因为害怕紫外线就减少出门，毕竟我们这么多年进化过来也早已有了一套成熟的机制来应对紫外线辐射。而且紫外线还有促进维生素D合成的作用，而维生素D的缺乏会导致佝偻病，小孩子需要经常晒太阳就是这个道理。我们所说的防晒，是指不要长时间暴露在强烈阳光之下，以免过量的紫外线照射对皮肤造成损伤。

再说回辐射，我们说电离辐射一定有害，而非电离辐射部分有害。实际上，除了紫外线以外，微波、红外线一般被

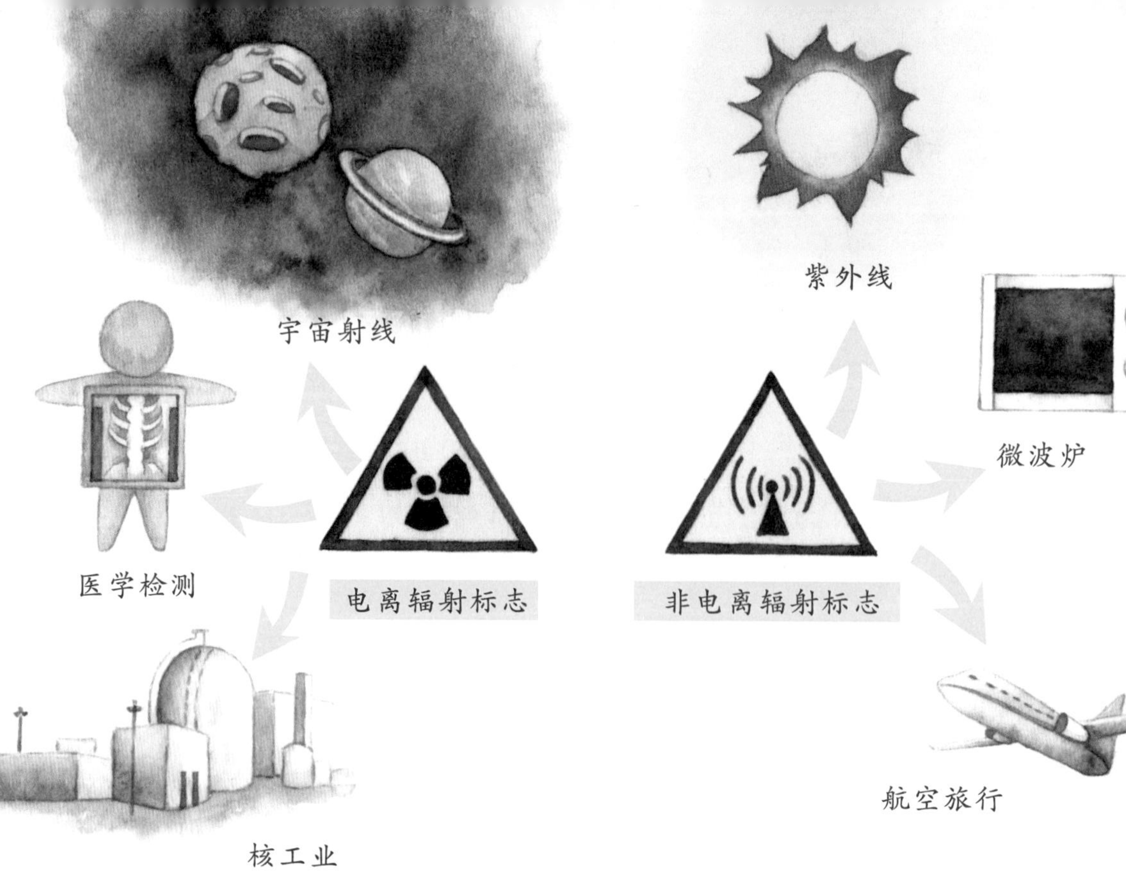

认为只会产生热效应，我们的微波炉就是通过这种效应加热食物的，而无线电波也没有明显的证据表明它可能会对DNA造成损害，这些非电离辐射对人体的影响大多还缺乏流行病学的研究证据，它们对人体是否有威胁尚无明确的结论。

辐射是全方位的，所谓的防辐射服，除非把人从头到脚包得严严实实，否则起不到什么作用。在衡量一个东西的利弊时，抛去剂量谈毒性，是有失偏颇的。对于威胁大的电离辐射，我们应当尽量避免；对于紫外线这种有益又有潜在威胁的，我们要控制接触的量，对于微波、红外线还有电磁波，我们则不必有太大的担心。总之，对于电磁辐射，我们要利用其有利的一面，规避其有害的一面，以达到既呵护我们身体健康，又便利我们日常生活的目的。

吸烟——病从口入

“饭后一支烟，赛过活神仙。”一句俗语，却是广大烟民日常生活的真实写照。作为一个拥有超过三亿烟民的国家，中国承受着吸烟所带来的一系列不良后果。烟草烟雾是人类癌症的主要诱因，超过80%的肺癌和50%的膀胱癌与烟草烟雾相关。我国每年死于吸烟引起的相关疾病的人数大约为120万，疾病多以肺癌、喉癌、膀胱癌为主，除此之外，还有乳腺癌、结直肠癌、口腔癌，以及白血病等多种疾病。如果癌症患者继续吸烟，复发率、第二原发癌风险和死亡率也会直线上升。

吸烟有害健康，吸二手烟一样易得上述疾病，甚至危害更大。二手烟，也被称为被动吸烟、环境烟草烟雾，是指由卷烟或其他烟草产品燃烧端释放出的以及由吸烟者呼出的烟草烟雾所形成的混合烟雾。庞大的烟民数量造成巨大的不吸烟者被动吸烟威胁。吸烟成为危害最广泛、最严重的室内空气污染，

也成为全球人类的一大死亡原因。据最新调查显示，我国许多妇女及儿童是二手烟的受害者，二手烟严重危及了他们的健康。

那么吸烟为什么会造成如此严重的后果？或许我们可以从基因的角度进行解释。

烟草烟雾中含有上千种化学物质，其中有很多成分有明确的致癌风险，并会降低DNA修复的能力，造成DNA损伤，使得基因的完整性受到破坏，从而诱导癌症的发生，这是烟草烟雾致癌的主要原因。另外，烟中的自由基也是DNA发生损伤的原因。每支卷烟在燃烧时大概可以产生10^{16}个自由基，它和前面提到的活性氧一样，可以攻击DNA使其产生损伤，诱发癌症的产生。因此，无论是主动吸烟或是被动吸二手烟，都难逃基因损伤的后果，直接增加细胞和组织器官癌变的概率。

机体自身的DNA损伤修复系统可以尽可能去修复吸烟所造成的基因损伤，但就像上文提到的，抛去剂量谈毒性，都是有失偏颇的。长此以往地接触烟雾，无论是主动还是被动，都会不可避免地使细胞积累很多的DNA损伤，产生严重的后果。“吸烟有害健康”——每一盒香烟的包装盒上都有的一句标语，绝不是一句空话，轻视它必将以牺牲健康作为代价。

病毒——小个子，大危害

病毒，可能是目前为止人类发现的最简单的生命形式，却拥有长达亿万年的进化史，是当之无愧的“长寿”生物。经过亿万年的进化，病毒无论是在数量还是种类上都发生了翻天覆地的变化，以至于今天有专门的学科对它进行详细的分类与研究。

作为在地球上生存了“仅”几百万年的生命形式，人类对这个更早存在的病毒并不陌生。实际上，人类和病毒的斗争史相当久远，无论是人类历史上最可怕的天花病毒，还是臭名昭著的狂犬病毒、艾滋病毒，抑或是引起国人恐慌的SARS病毒，无一不在见证人类社会的发展与繁荣。就我们个人而言，每个人从小就在与病毒打交道。从20世纪60年代开始，由顾方舟老先生牵头研制的糖丸就成了小朋友们儿

时的回忆，将脊髓灰质炎病毒彻底从中国消灭。除此之外，乙肝疫苗、水痘疫苗等多种疫苗也成了保护儿童免受病毒威胁的强力保障。

病毒的种类繁多，每种病毒感染生物体的方式不尽相同，产生的效应也多种多样，从而导致多种疾病的发生。大约20%的人类癌症可归因于DNA致癌病毒，例如乙肝病毒、人乳头瘤病毒和人疱疹病毒等。

作为遗传物质，DNA在病毒感染机体过程中也不能幸免。某些病毒感染细胞后，会将自己的DNA整合到细胞的基因组里，另外一些病毒会影响细胞的代谢或者干扰细胞的正常功能，最终造成DNA的损伤。有趣的是，适当的DNA损伤可以激活DNA损伤修复系统，其可以对病毒的感染过程进行抑制。但是，在与宿主生物漫长的斗争中，病毒也早已进化出了一系列机制以应对这一反应。

2002年爆发的“非典”，其相似病毒株最早可能是在蝙蝠中发现的。蝙蝠这种动物是一个天然的病毒库，体内存在多种可能对人产生威胁的病毒，这主要是因为蝙蝠是一种分布广泛的亲密群居的飞行哺乳动物。分布广泛导致它和人类有着广泛接触，亲密群居导致病毒在蝙蝠种群内很容易传播。飞行的影响主要有两点：一方面增强了蝙蝠的迁徙能力，另一方面飞行需要大量的能量，这就使蝙蝠需要有很高的新陈

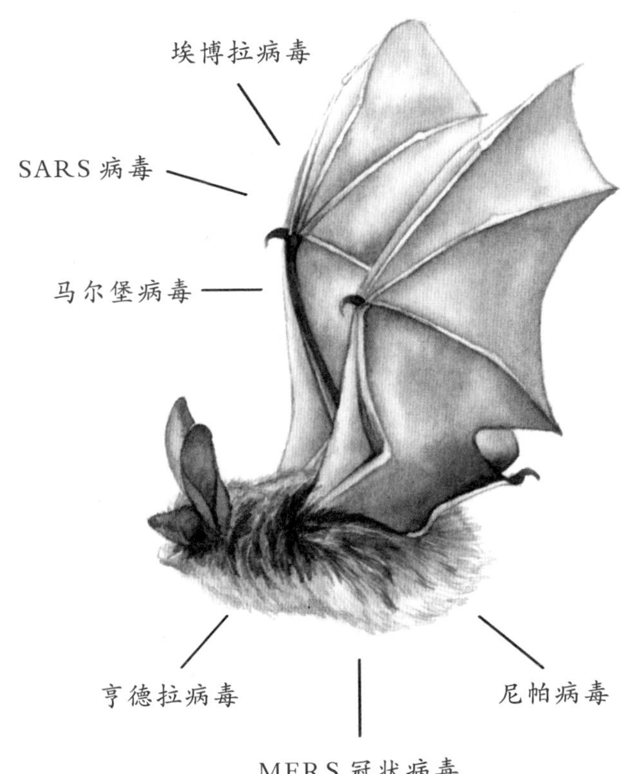

代谢水平。高水平的代谢产生了大量的氧自由基，这些氧自由基会损伤蝙蝠的 DNA，所以蝙蝠进化出了很强的 DNA 损伤修复系统来维持自身基因组的稳定性。强大的 DNA 损伤修复系统赋予了蝙蝠很强的抗病毒能力，蝙蝠即使在体内存在大量病毒的情况下，依然可以正常存活。另外，高代谢也使蝙蝠有着较高的体温。我们知道，当我们感冒时常常会发烧，这是我们身体的一种正常的自我保护机制，因为升高体温可以抑制病毒的复制。然而对于在蝙蝠体内生存的病毒来说，它们早就已经耐受了高温，所以我们升高体温对这些病毒就没有太多作用了。

从这个简单的例子中我们可以看到物种与物种之间的精彩博弈。我们也可以看到，很多其他的物种也和我们人类息息相关，我们生活在地球上，生活在一个和其他生灵共存的环境之中，绝不是孤立的。我们改造大自然的同时也是大自然的一部分，我们需要学会和其他生物共处。从人类对抗病毒的历史来看，最有力的工具便是利用疫苗进行预防和治疗。但很多病毒都具有很强的变异能力，并不是每种病毒都能有对应的高质量有效的疫苗，也并不是每种疫苗都能使个体获得绝对的病毒豁免能力。所以预防病毒的传染和感染，一方面依赖于疫苗等医疗手段，另一方面也依赖于个人良好的生活习惯。

雾霾——投射在人们心头的白色阴影

雾霾，相信大家并不陌生，近些年环境污染问题成了我国乃至世界的热点问题，雾霾对于人体健康的危害更是大家关注的重点。雾霾这两个字，是雾和霾的组合。雾是空气中的大量水汽凝结成的细微的水滴或者冰晶，它们悬浮于空中，会降低空气的能见度。霾则是大量烟、尘等悬浮物形成的浑浊现象，气象学上将空气中悬浮的灰尘颗粒称为气溶胶颗粒。雾霾其实是对大气中悬浮颗粒物含量超标的表达，其罪魁祸首就是我们常说的 $PM_{2.5}$（空气动力学当量直径小于等于 2.5

PM 2.5

微米的颗粒物），$PM_{2.5}$上面附着的如多环芳烃等有害的化合物也会影响人体健康。雾霾中的有害颗粒物对人的呼吸系统、心血管系统都有巨大的伤害，严重影响了人体健康。在生物医学快速发展的现在，我们发现，雾霾同样会对基因产生影响，那么雾霾对基因到底有什么影响呢？

很多研究都认为基因序列不同的人，对不同的环境或者疾病会有不同的反应，与此同时，基因表达同样会受到外界环境的影响。现在有关雾霾在基因方面的研究，主要集中在雾霾对基因表达调控的影响上。也就是说，我们的DNA序列没有发生变化，而是在基因发挥功能的过程中，基因的表达发生了变化，从而影响了基因的功能。其中一个方式就是通过给DNA加上一些标签（我们称之为DNA的修饰），从而来影响DNA发挥功能的过程。而近年的研究显示，雾霾中的主要有害成分$PM_{2.5}$直接或者间接影响基因的表达，导致细胞内信息传递发生错误，从而引发各种病症。

基因表达会受到外界因素影响，雾霾中空气污染物对基因的影响也是近年才被提出的，尽管如此，它们之间具体的调控机制、雾霾中的各种组分对于基因分别产生的影响、对DNA序列等遗传信息是否有直接影响等问题，还有待深入研究。显而易见的是，雾霾对于基因的影响是值得大家关注的，治理雾霾、保护环境也是在保护我们自己。

诱癌化合物——埋伏在我们身边的基因杀手

大家有没有听过“吃烧烤致癌”“吃发霉的大米致癌”“泡菜腌菜致癌”“酒精致癌”这些说法？如果认真来说，生活中有很多东西都属于致癌物，在世界卫生组织公布的一类致癌物（即有明确致癌能力的物质）中，酒精、黄曲霉素、中式腌鱼、槟榔、马兜铃酸、铝产品等赫然在列。这些东西本身或者其中含有的化合物，可以损伤我们的DNA，最终可能导致癌症的发生。

除了这些常见的，还有很多不常见的致癌化合物如肿瘤化疗时所用的药物，可通过破坏肿瘤DNA的复制从而达到杀死肿瘤的目的。

在现代战争开始使用化学武器的时候，对于化学武器杀伤力的研究让人们第一次接触到基因的化学性损伤这个概念，化合物引起的基因损伤会直接使我们的遗传物质发生改变，也就是常说的基因突变。引起基因损伤的主要化合物有烷化剂、碱基类似物、脱氨剂以及会产生加合物的黄曲霉素等。

我们先简单介绍一下能对基因产生损伤、作为抗癌药物的化合物种类，例如烷化剂和碱基类似物。其中烷化剂可以通过将碱基烷基化来干扰 DNA 的复制、转录时的解旋过程，导致有错误倾向的复制，同时还有可能直接引起碱基的转换。碱基类似物则是一种分子结构和 DNA 的碱基相似、在 DNA 的正常代谢过程中取代正常碱基的化学物质。这两大类化合物多数为人工合成，因为它们具有阻碍核酸合成的特性，常用于治疗恶性肿瘤或者核酸合成的研究，但在治疗过程中也会对正常细胞产生影响，常常与其他药物进行联合用药治疗。

下面我们介绍的是生活中常见的引起基因损伤的致癌化合物。

我们常说的脱氨剂——亚硝酸盐类就是一种常见的会引起基因损伤的化合物，亚硝酸盐是自然界中最普遍的含氮化合物，另外由于其与肉品中的肌红素结合后更稳定，在食品加工业，主要在香肠和腊肉中作为保色剂和防腐剂。在过量的情况下，亚硝酸盐会影响红细胞运作，还会在烹饪等条件下与氨基酸发生降解反应形成亚硝胺从而致癌。亚硝酸盐也可以作为一种脱氨基化合物，直接靶向碱基，诱导碱基脱氨发生基因突变，从而产生基因损伤。因此，在日常生活中，注意亚硝酸盐的含量、少吃腌制食品也是在保护我们的基因。

生活中还有一些化合物，会在进入人体后与基因上的碱基相互作用形成碱基加合物，这种加合物被认为是致癌、致畸以及致突变的关键。在生活中，常见的醛类化合物就是其中的一种。醛类化合物存在于生活的方方面面，石化工业、塑料制造等工业生产活动中少不了它，汽车尾气、油烟中也有它，建筑、家具材料，就连香水、空气清新剂中都有它的身影，甲醛更是嘌呤、胸腺嘧啶生物合成的中间产物。在这个过程中，醛基作为比较活泼的基团，能够直接与 DNA 共价形成加合物，引起 DNA 链的异常，从而产生基因损伤。醛类化合物无处不在，但是我们仍可以通过选择醛类化合物在安全含量范围内的产品，来保护我们的基因。另一种常见的会产生加合物的化合物就是大家熟悉的黄曲霉毒素。黄曲霉毒素是黄曲霉、寄生曲霉等产生的代谢产物，粮食储存在环境潮湿的地方时，容易被黄曲霉和寄生曲霉污染，产生黄曲霉毒素。它是一种会引起急性中毒的剧毒物质，其对基因的损害也被广泛研究。黄曲霉毒素可以攻击基因的碱基，引起 DNA 突变。如此看来，我们在吃东西的时候也要注意安全，谨防病从口入。保护好我们的基因，我们的基因才能更好地

保护我们。

基因需要我们的呵护

基因是遗传物质的携带者，有很多因素会导致基因的损伤，产生各种各样严重的后果，危害我们的身体健康，因此基因需要我们的呵护。保持良好的生活习惯，尽量避免暴露在恶劣环境中，适当食用一些抗氧化的食物等，都是我们在对基因进行保护。只有我们用心呵护基因，基因才能保障我们的健康。

第三章　基因与寿命

刘宝华

自古以来，健康与长寿都是人类永恒的追求。在这一点上，我们熟知的秦始皇嬴政就是这么做的，虽然炼仙丹并不是一个科学的方法。不过直到半个世纪前，我们人类的平均寿命也只有50岁，也就难怪当年的古人会发出“人生七十古来稀”的感慨了。

随着现代社会经济的高速发展和医疗水平的大幅度提高，人类的寿命开始变得越来越长。世界卫生组织（WHO）的数据显示，2016年全球婴儿在出生时期的预期寿命为72.0岁（其中女性为74.2岁，男性为69.8岁）；在这些数据里，非洲地区的寿命为61.2岁，欧洲地区为77.5岁，美国为68.5岁，我们中国是68.7岁。值得一提的是，中国的总体数据虽然不是很高，但是中国香港是全世界最长寿的地区，男性的平均寿命为81.3岁，女性的寿命则更长，居然高达87.3岁。

> 我们不得不承认，女性确实要比男性长寿一些。

那么，问题来了，人类究竟可以活到多少岁？是 100 岁还是 200 岁？有没有可能青春永驻、长生不老，甚至是小说里所描述的返老还童呢？

让我们先从上帝的视角来看寿命

在这个世界上，几乎所有的生命体都要经历出生、发育、成长然后再到衰老、死亡的过程，人类自然也不会例外。在这个过程中，所消耗的时间长短，便是我们所说的“寿命”。

迄今为止，地球上已经发现并确认了超过150万个物种，不同的物种长相不同、体态不同、习性不同，但是最重要的一点是寿命长短不一。世界上寿命最短的动物，是蜉蝣。它们的寿命只有一天，早上出生，晚上死亡，真是朝生暮死。而广受科学研究者喜爱的秀丽隐杆线虫和果蝇，它们的寿命为几周到一个月的时间；另一种也是生物课本里常见的实验小鼠，可以活2—3年。

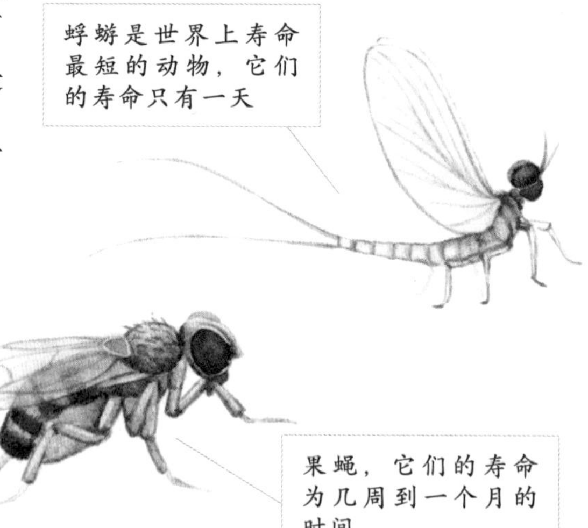
蜉蝣是世界上寿命最短的动物，它们的寿命只有一天
果蝇，它们的寿命为几周到一个月的时间
小白鼠，可以活2—3年

鸟类中，蜂鸟可以活到 8 岁，大鹦鹉则可以活到 30 多岁……与我们人类最为接近的黑猩猩一族，它们可以活到 40 多岁。作为陆地上体型最大的哺乳动物——大象，它们的寿命为 70 多年。就目前来说，有明确研究表明的，世界上最长寿的哺乳动物，是海洋里的“庞然大物”弓头鲸，它们居然可以轻松地活 200 年之久。

蜂鸟可以活到 8 岁

裸鼹鼠可以轻松地活过 30 岁

在啮齿类动物中，裸鼹鼠绝对是长寿界的翘楚。它是实验小鼠的表亲，外形丑陋，痛觉不怎么灵敏，且冷血。它们像蚂蚁和蜜蜂一样群居，常年居住在暗无天日的地下世界中（地下穴居），生存环境恶劣。即便这样，这种裸鼹鼠却拥有着许多的奇特之处：它们寿命长，可以轻松地活过 30 岁（这里，不要忘了小鼠的寿命是 2—3 年）。在如此之长的寿命里，它

大鹦鹉则可以活到 30 多岁

们却不会得癌症，也不会得心脑血管病。那么，是什么原因使得裸鼹鼠如此神奇呢？

美国罗切斯特大学的格布诺娃教授给了我们一个答案。她认为，裸鼹鼠不得癌症的原因，是出在了它们体内的高分子透明质酸上。因为这种非常黏稠的物质“粘住了癌细胞”，使得裸鼹鼠不会受到“癌症的折磨”。当然，也有其他的科学家认为，裸鼹鼠的抗癌功能可能跟它能够有效抵御慢性炎症有关系。

此外，我们还要说一下，小老鼠的一众亲戚们都很神奇。与鼠类有着血缘关系的蝙蝠就在其中，当它们学会了飞行之后，居然得到了寿命一下子提升到30年的神奇效果。这大大超过了普通鼠类的寿命。究其原因，或许与其“飞天”之后的天敌数量减少有关。

遗传决定寿命

“龙生龙，凤生凤，老鼠生来会打洞。”这句谚语生动形象地表达了遗传决定不同物种的外观与技能的重要性，甚至，也决定了其寿命的长短。但是，物种之间的差异是难以逾越的，没有人想活成“千年王八万年龟”，也没有人能够变成龙或者凤凰这样的神兽。

主攻衰老与长寿的研究者们更关注的，是同一个物种在不同个体之间的遗传或是基因的差异，正是这些差异影响了寿命的长短。好在，社会伦理为以人类作为研究对象的科学研究设置了道德底线，因此，直接用人来做寿命研究几乎是不可能的。在这种情况下，秀丽隐杆线虫、果蝇、斑马鱼和小鼠等就成了寿命研究者们所青睐的实验动物。而且，使用动物模型展开科学研究也是有好处的，因为我们可以控制实验动物的饮食与环境，以及打造几乎完全一样的遗传背景（这一点在人类中是完全不可能实现的）。这样一来，便可以使得遗传与基因的作用最大化地表现出来。

基于实验动物模型与人群的研究，在线衰老数据库

GenAge 收集了超过 1000 个与动物衰老或寿命有关的基因，包括上千个线虫基因和 100 多个小鼠基因，其中有 51 个基因可以达到延长寿命的效果。美国加州大学旧金山分校的肯尼娅教授，是利用秀丽线虫展开衰老与长寿研究的先驱之一。肯尼娅教授发现，当线虫体内的胰岛素样生长因子（*daf-2*）这个基因被破坏之后，线虫的寿命将会增加近乎一倍。这样一来，这些已经到了“正常线虫老年期”的突变线虫与正常的线虫相比，会变得年轻和活跃，甚至还拥有着繁殖的能力。

学过生物课的人应该都知道，基因要想行使它的功能往往需要被优先翻译成蛋白质，而蛋白质又会经过各种各样的修饰来保证其功能的多样性。就好比人生来就会走路，但后来经过不断的学习获得了各种技能（相当于蛋白质修饰），也就有了三百六十行。这里要说到的，是 *Sirtuins* 基因家族，它们属于一类蛋白修饰酶（好比是老师和训练者），可以对上百种蛋白质进行修饰。最初的研究者发现，在酿酒酵母中删除 *sir2* 基因（对应哺乳动物和人类的为 *SIRTI* 基因，是 *Sirtuins* 基因家族的长子）可以延长酵母的寿命。很快，其他的科学家们陆续发现，缺乏 *Sirt6* 基因（*Sirtuins* 基因家族的六哥）的小鼠会老得更快，大多数在出生一个月后就夭折了。更加有意思的是，在实验小鼠中提高 *Sirt6* 基因水平

会怎么样呢？最终的实验发现，雌性小鼠的寿命并没有受到 *Sirt6* 基因表达水平提高的影响；而在雄性小鼠中，一组小鼠的平均寿命增加了 9.9%，另一组则增加了 14.5%。格布诺娃教授也做过类似的实验，她检测了 18 种啮齿类动物的 DNA 修复过程，其中寿命短的仅有 3 年（小鼠），寿命长的则高达 32 年（裸鼹鼠、海狸鼠）。她发现，寿命较长的物种拥有更强大的 *Sirt6* 基因，能够有效地协助 DNA 修复，比如海狸鼠；而小鼠的 *Sirt6* 基因明显较弱，因此它们的寿命比较短。最后的结论就出来了，*Sirt6* 基因在每个物种中的表现都不相同，甚至该基因可以在长寿的物种中“进化”：*Sirt6* 基因越强的物种活得越久。

遗传对人类有多重要？

就现阶段来说，人类长寿研究的重点对象是长寿的个体，通常是指 100 岁或 100 岁以上的老人。我们都知道寿命和健康是密切相关的，那些特别长寿的人在他们生命的大部分时间里往往都是健康的。一项关于超级百岁老人（可以活到 110 岁到 119 岁）、半百岁老人（可以活到 105 岁到 109 岁）、百岁老人（可以活到 100 岁到 104 岁）、90 岁老人（可以活到 90 岁到 99 岁）和年轻人健康状况的里程碑式的科学研究发现：老人发生重大疾病的时间越晚，能活到的年纪就越大。非常有意思的是，几乎在所有的年龄段里，女性的死亡率都要低于男性，而且在大多数人口中，女性的寿命都比男性长。因此，在任何特定的特殊年龄里，男性都要比女性更加特殊。早在 2012 年就有美国科学家指出，在 20 世纪，大约有 1% 的美国女性能活到 100 岁，而男性能活到 100 岁的概率却只有 0.1%。造成这种差异的原因还不清楚，可能是性激素差异，也可能是因为男性只有一条 X 染色体，或者其他未被识别的复杂因素。

有丹麦科学家对 1870 年至 1900 年之间出生的 2872 对同卵双胞胎（也就是兄弟或者姐妹两人来自同一个受精卵，因此具有完全相同的遗传物质）进行研究，随访时间长达 94 年，基本上涵盖了人类的整个生命周期。研究者发现，受试人成年后死亡年龄，即寿命的遗传率，大约为 25%。那么什么是遗传率呢？它代表的是父母辈身上发生的基因变异也在其子女身上发生的能力或概率。也就是说，一个人长寿，他或她的双胞胎兄弟或者姐妹也有 25% 的概率活得长寿。另有研究发现，美国百岁老人的男性和女性同胞活到 100 岁的可能性要比非百岁老人的同胞分别高出 17 倍和 8 倍。这也说明寿命在某种程度上是可以遗传的。据推测，可能是因为遗传因素使百岁老人对老年疾病具有抵抗力，从而使得他们可以活到 100 岁以上的年龄。此外科学研究发现：百岁老人的

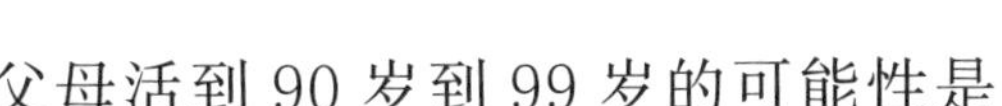
父母活到 90 岁到 99 岁的可能性是同龄人的 7 倍；百岁老人的子女患有老年性疾病的比例低于其他同龄人。因此，从这些对极其长寿家庭的研究中可以发现，长寿是可以遗传的。

人类长寿基因

如今，虽然有大量的证据表明遗传在一定程度上是可以决定寿命的，但要找到那些真正调节控制长寿的基因，对全世界的科学家来说是一项挑战。因为人类本身的寿命很长，而且在成长过程中有太多不可控的因素，再加上人是社会性动物，与别人的交往程度、在社会中的地位等都会影响寿命的长短。到目前为止，科学家们发现，在不同人群的众多基因中，只有载脂蛋白 E（*APOE*）和 *FOXO3* 基因在一定程度上在不同群体中重复出现，并且与长寿有关。那么问题来了，它们是如何影响健康、衰老和寿命的呢？

这里需要提到的是，人类有三种主要的 *APOE* 基因亚型，分别为 *APOE2*、*APOE3* 和 *APOE4*。其中，*APOE3* 最常见；而 *APOE4* 基因与心血管、阿尔茨海默病相关，进而影响人类的寿命。研究人员发现，遗传一个 *APOE4* 基因会增加 4 倍阿尔茨海默病的患病风险，而如果遗传两个 *APOE4* 基因，患病风险则会增加至 12 倍。另外，世界卫生组织的研究发现，*APOE4* 频率的增加会明显加大冠心病的死亡率。一项针对近

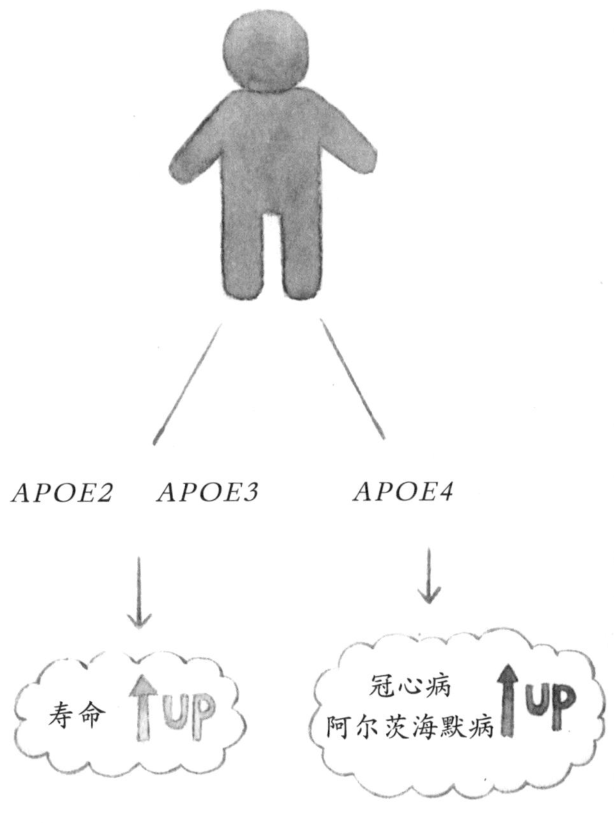

千名丹麦和芬兰心脏病发作幸存者的随访数据的研究同样表明，*APOE4* 频率的增加使得这些患者的死亡风险增加了 80%！既然 *APOE* 变体影响阿尔茨海默病，那么它与人类寿命有关系吗？一项针对来自意大利、西班牙和日本的三组独立百岁老人的研究发现，与健康、年轻的对照组相比，在性别一一对应后，这三组人的 *APOE4* 基因都与极端长寿呈负相关状态，而 *APOE2* 在日本和意大利群体中与极端长寿呈正相关状态。最近的一项研究归纳了欧洲和亚洲百岁老人群体的基因组数据，发现达到极端长寿的可能性与携带 *APOE4* 基因呈负相关，而与 *APOE2* 和 *APOE3* 呈正相关。

还有研究发现，秀丽线虫体内胰岛素样生长因子受体基因的突变可以增加寿命，这点在人类中也可能增加寿命。针对纽约市阿什肯纳兹犹太人的研究发现，带有胰岛素样生长因子受体变异的人更有可能活到 90 岁，甚至更久。这背后的机理与*FOXO*基因有关。*FOXO*进入细胞核内时，可以启动许多保护细胞和组织以及修复损伤的基因的表达。完好的*daf-2*蛋白会阻止*FOXO*进入细胞核。实验发现，在不同物种的动物模型中，通过实验手段改变*FOXO*在体内的表达量，可以延长或缩短该模型生物的寿命。例如，在小鼠脂肪组织和黑腹果蝇的脂肪中，如果限制*FOXO3*的表达，就可以延长小鼠和黑腹果蝇的寿命。此外，当胰岛素受体基因突变时，果蝇和秀丽隐杆线虫的*FOXO*也会增加。火奴鲁鲁科纳医学中心的研究人员曾对一群日本血统的美国男性进行了一项关于*FOXO3*基因的研究，揭示了*FOXO3*与极高龄之间的关系。

其实，相较于人类的长寿基因而言，衰老基因更容易研究。比如说，基因突变影响人类寿命的基因中包括核纤层蛋白等一类维持基因组稳定性的蛋白因子，核纤层蛋白*Lamin A*突变会造成一种快速衰老疾病——儿童早衰症，这是属于常染色体的显性遗传疾病，大约每四百万个新生儿之中就有一位患病。

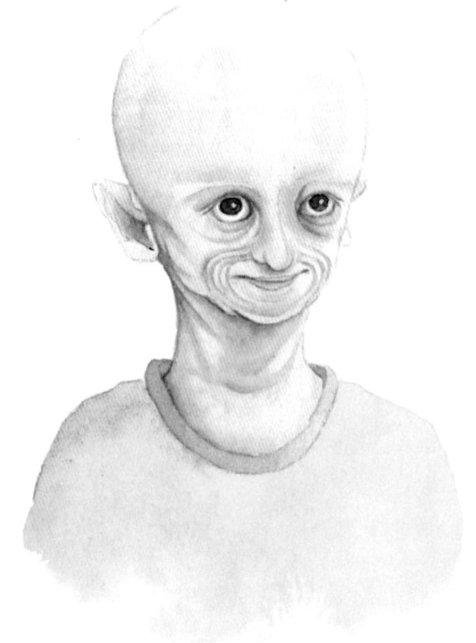

儿童早衰症患者出生时正

常，但在半年之内就会显示出衰老症状，包括身材矮小、脱发、皮下脂肪消失、肌肉萎缩、关节僵直、皮肤角质化和骨质疏松等。他们九成以上会死于进行性、老龄性冠状动脉和脑血管硬化，这就导致他们的平均寿命只有 13 岁。此外，维护基因组完整性的基因突变，往往也会加速衰老。例如成年早衰症，是一种常染色体隐性遗传病，发病率大约为十万分之一。患者出生时正常，10 岁以后开始表现出衰老症状，包括身材矮小、皮肤角化、灰发、白内障、骨质疏松、脂肪与肌肉萎缩、糖尿病、动脉粥样硬化及恶性肿瘤等。这些患者多死于心血管疾病和恶性肿瘤，平均寿命 47 岁，主要由 *WRN* 基因的突变造成。还有一种是由 *ERCC6/ERCC8* 基因突变导致的科克因综合征，患者出生时正常，6—12 月时的身高、体重及头围要低于平均值，皮肤及毛发变薄，眼睛下陷，弓身站姿，严重脑部神经元丧失。这样的例子还有很多，比如 *XPA-XPG* 基因突变会导致着色性干皮症，致使患病者的皮肤有黑色斑点、过度干燥，皮肤于极微阳光下出现水泡或雀斑，眼睛对阳光敏感、易受刺激而充血，这会导致二成患者存在神经系统损害，平均寿命不到 20 岁。还有端粒基因（*TERC/TERT*）突变导致的先天性角化不全症，皮

> *WRN* 基因属于 RecQ helicase 家族，它们起到了 DNA 复制与损伤修复并维持基因组稳定性的作用。

肤色素过度沉着，掌、跖角化过度，多汗，毛细血管扩张，指甲发育不全，牙齿排列不齐，毛发稀少而细，骨质疏松，睾丸发育不良，偶见智力低下与肝硬化。这些例子中提到的，都是会导致人类衰老的基因。

人类可以活多久？

我国经典古著《黄帝内经·素问》的开篇第一章《上古天真论》中记载了黄帝和岐伯谈论如何实现健康与长寿的问题。岐伯回答黄帝：“上古之人，其知道者，法于阴阳，和于术数，食饮有节，起居有常，不妄作劳，故能形与神俱，而尽终其天年，度百岁乃去。”这段文言文通俗一点讲，就是古时候懂得养生之道的人们，能够适应天地的自然变化规

律，加以调和养生的办法，做到饮食有所节制，作息遵守规律，劳逸结合，使身神（心）俱旺，活到超过百岁的自然年龄。这提示我们两个问题：第一，在上古年代，一些人即使在生活与医疗环境极差和人均寿命不足50岁的情况下，尚且可以活到100多岁，是否说明遗传在决定寿命方面有机会超越环境（如营养和医疗水平）的影响？第二，人类的极限寿命是否只有100余岁？

今时今日，医学科学获得了极大的进步，那么人类可以活多久？这得从动物说起。有科学家发现，体型的大小可能决定了不同物种的寿命长短，也就是说体型大的物种比体型小的物种活得长的概率更大。比如说大象，是陆地上最大的哺乳动物，平均寿命60—70岁，最高可活到100多岁。相比之下，体型小的老鼠只能活2—3年。在海洋中，最大的动物非鲸类莫属了，是现在已知的地球上生存过的体积最大的海洋哺乳动物，身体长度可以达到33米，体重足有200吨。其中，寿命最长

的是弓头鲸，最多能活到211岁。

也有科学研究发现，各种动物的细胞的生长分裂次数存在一定的规律，一旦分裂到一定的次数就会出现衰老和死亡的现象。因此便有科学家利用细胞分裂次数与分裂周期相乘来测算动物的自然寿命。例如，老鼠的细胞可以分裂12次，每次分裂需要3个月时间，按照分裂次数乘以分裂周期的测算方法，可以推测出老鼠的寿命为3年，实际上这正是我们所见到的老鼠的寿命长短。再比如，鸡的细胞的分裂次数是25次，平均每次分裂需要的时间是1.2年，因此可以推算出鸡的寿命是30年。没想到吧？通常它们在很年轻的时候就被我们吃掉了。再说大家最关心的：人类的细胞分裂次数是50次，平均每次分裂周期为2.4年，所以人类的自然寿命（极限寿命）预测是120年左右。

还有一些科学家认为不同物种活得长短与各自的生长期长短有一定的关系。比如，狗的生长期为2年，它们的寿命一般有10—15年；牛的生长期为4年，它们可以活20—30年；马的生长期为5年，寿命是30—40年；恒河猴的生长期为6年，寿命是25—40年。从中不难得出一个规律：动物的自然寿命是生长期的 6—8 倍。这样推算起来，人的生长期是 14—15 年，那么人类可以活 90—120 岁。

那么，现实生活中人类寿命的极限到底是多少呢？爱因斯坦医学院的维吉教授等科学家分析了自 1900 年以来，来自多个国家的 100 岁及以上的老人的寿命增加情况，他们发现，无论哪一年出生，最高寿命在100岁左右就已达到了极限。他们还研究了 1968 年至 2006 年间出生在美国、法国、日本和英国（具有最多长寿人口的四个国家）的已被证实活到了 110 岁或以上的人。他们发现在 20 世纪 70 年代和 90 年代初之间，越接近现在，活得更长的百岁老人的人数就越多。但到了大约 1995 年，百岁老人能活到的最长寿命似乎达到了顶峰，也就是寿命的极限。根据这些证据，维吉教授计算出人类寿命的极限大约是 125 年。这与前面提到的根据不同测算方法推算出的人类的最长寿命可谓是不谋而合。值得一提的是，目前有记录的全世界长寿纪录的保持者是法国的珍妮女士，她在世长达 122 年 164 天呢。

人类可以长生不老？细胞可以！

人类能否长生不老呢？不好说。那么自然界中有没有动物能够长生不老？答案是有的。最典型的例子就是涡虫，它们生活在干净的池塘和溪流中，以有性和无性两种方式进行繁殖。如果把一条涡虫切成若干小段（最多可达 200 多段），每一段都可以重新生长成一条完整的涡虫，我们将之称为“再生”。这个过程非常迅速，只需一周它就可以重新长出切割掉的肌肉、皮肤、肠道和生殖系统，甚至整个“脑”。如果只是在涡虫的头上切一刀，甚至可以长出双头涡虫呢。

无独有偶，隶属于水螅虫纲的灯塔水母也可以采用无性的方式繁殖。当灯塔水母达到性成熟阶段之后，就会重新回到水螅型年轻阶段，并开始另一次生命过程，如此不断重复，周而复始。那么为什么涡虫和灯塔水母会如此神奇呢？其秘密就在于涡虫和灯塔水母体内有丰富的干细胞，这些细胞能够不断地自我复制，还可以在需要的时候变成其他任何类型的细胞。

那么人类体内有没有类似涡虫和灯塔水母的“永生”的干细胞？答案是有的。那就是我们的生殖细胞。我们都知道，人的生命开始于一个单细胞，也就是受精卵，或者说是胚胎干细胞，之后逐渐发育成一个复杂的人体，然后走向衰老和死亡。人体发育成熟之后胚胎干细胞已不复存在，取而代之的是成体干细胞，它们生存在各种组织器官里，在需要的时候分化成特定组织器官的细胞。在整个生命过程中，人体细胞一直处在新生细胞替代衰老退化细胞的过程之中，也就是细胞更新。当细胞更新的速度小于衰老的速度时，新鲜的细胞补充不足，衰老的细胞无法被替换，就会造成更新不足，细胞数量入（新鲜的细胞）不敷出（衰老的细胞），衰老的细胞越积越多，损伤的组织器官得不到及时的修复，生理功能逐渐衰退，最后各个系统功能下降，代谢缓慢，人逐渐老去。那么问题又来了，成年人身体上所有的细胞都会衰老吗？事无绝对，生殖细胞除外。比如在生命繁衍的过程中，来自我们父亲的一个生殖细胞变成了精子，来自我们母亲的一个生殖细胞变成了卵子，这个精子和这个卵子有幸结合在一起形成了受精卵，最后变成了我们。实际上，这就是两个或多个生殖细胞逃脱了死亡的命运。对于一个男人来说，他的精子携带的 Y 染色体跟 100 代之前的父系祖先或 100 代之后的子孙的精子携带的 Y 染色体，在不考虑基因突变的情况下，几乎是完全一样的！因此，从某种意义上说，这个精子的 Y 染色体其实已经获得了永生。

总而言之，通过对同卵双胞胎和异卵双胞胎的死亡年龄进行比较，可以推测人类寿命约有 25% 的可能是由遗传因素决定的，且男性比女性更加明显。当然，人类的寿命还受到环境影响。了解环境（生活方式）和基因的影响，以及它们如何通过相互作用影响健康和寿命，这是非常重要的。饮食干预可以改变生活方式，对健康和寿命有直接影响，有望延长寿命，就是一个极好的例子。分析多基因与环境、社会文化和个体因素（如微生物组成）之间的动态相互作用，全面了解人类种群中决定寿命的因素，可以促进健康老龄化，有助于制定正确的社会政策，以应对预期寿命的增加。

第四章　基因与健康大脑

彭子文　何婷昕

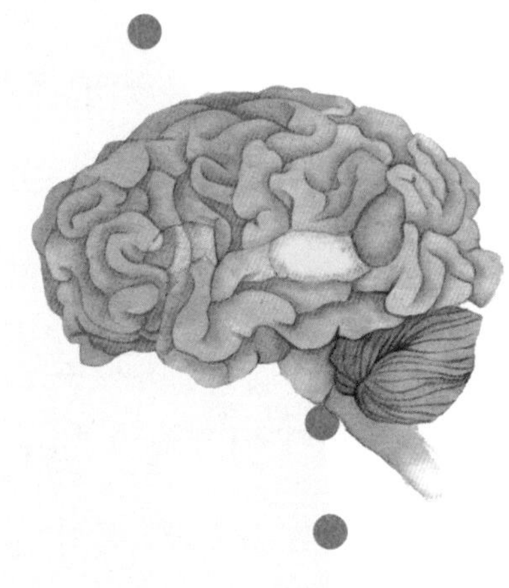

大脑进化发育

自19世纪中叶，生物学家达尔文提出自然选择学说以来，我们对于生物进化的认识从个体的特征（基因的表现）深入到了基因层面。自然界的每个物种的基因都是世世代代传递下来的，在这个过程中，基因的传递复制可能会出现错误和变异，这有可能会导致个体某种特征的变化。如果该特征的变化能够让个体更好地适应环境，以此拥有更好的生存和繁衍后代的机会，那么这个特征就能通过基因更好地在物种中传递，甚至将同一物种中没有该特征的个体淘汰。

所有物种都经历了进化的过程，那么人类是怎么到达“食物链最顶端”的地位的呢？与其他物种对比，人类更具优势的特征之一就是，我们拥有更大的大脑。脑越大，意味着可以容纳更多的神经细胞以及允许其建立更复杂的神经网络，这能支持我们思考更复杂、更抽象的事物。脑重占体重的比率变大，是低等动物向高等动物演化过程中的一般规律。婴儿刚出生时平均体重约为3000g，正常范围为2500g—4000g，约是成人体重的5%。此时婴儿的大脑重350g—

400g，是成人脑重的 25%。随后婴儿脑重飞速增长，6 个月时脑重是刚出生时的两倍，到 36 个月时脑重已接近成人脑重。到青少年晚期，脑最终达到成年脑的大小。

为什么我们最终发育成熟的大脑能够比和我们共享 98.8% DNA 的黑猩猩大两到三倍呢？基因在我们大脑发育中起到了什么作用呢？

典型的长颈鹿进化：种群中脖子越长、长得越高的长颈鹿就越有可能获得更多的食物，它们的基因通过繁衍传递下来的概率就越大。

基因与大脑的联系

“DNA之父”詹姆斯·沃森曾说，20世纪是基因的世纪，21世纪是脑的世纪。随着人类对基因和大脑的探索研究逐步深入，人们发现许多基因导致的神经发育障碍会影响大脑皮层的生长和发育，从而导致大脑结构性皮质畸形或功能性障碍，产生无脑畸形、小头畸形、智力缺陷、自闭症谱系障碍等病症。于是一个旨在研究基因对大脑结构影响的全球性科研团队出现了，这个以ENIGMA（中文翻译为“谜”）命名的组织通过分析整合来自全球各地科研团队及机构的脑成像图、病人临床数据以及基因组数据等资料，促进对人类大脑发育的了解，探究基因和疾病对大脑的影响。根据研究方向，该组织主要分为两大小组。一个小组重点关注研究方法和研究技术的发展，另一个小组主要集合世界各地的临床数据，关注不同种类的神经紊乱或精神障碍对大脑结构的影响。目前研究证明，许多神经紊乱、精神障碍与脑结构或脑生化活动异常有关，并且不同个体间存在明显差异。

尽管我们目前对基因组的进化依然知之甚少，但已有科学家团队发现了人类独有的，且与胎儿大脑发育过程有关的35种基因库。其中，名为*NOTCH2NL*的基因组中的三个基因被认为是人类大脑独特性的关键——这三个基因能够延迟脑的干细胞的自身分化，使它能够有更久的分裂复制时间。

我们都知道人体内的每个细胞都带有我们的全部基因，细胞的不同功能是通过表达不同部分的基因来表现的。干细胞是这些具有特定功能的细胞的前身，而存在于具体组织器官，且具有较为明确分化目标的干细胞被称为祖细胞。在大脑发育期间，位于大脑不同组织的祖细胞需要经历两个分裂阶段：首先是对称分裂阶段，每个祖细胞分裂成两个新的祖细胞；之后是不对称分裂阶段，一个祖细胞分裂成一个祖细胞和一个脑细胞。因此延长这两个阶段的持续时间，能够让胎儿在一定时间内产生更多的祖细胞，从而增加脑细胞的数量，为大脑的生长发育奠定基础。那么大脑的生长发育过程到底是怎么样的呢？

关于大脑发育的认识

大脑的发育始于胎儿期，完成于青少年期。人的神经系统分为周围神经系统和中枢神经系统，其中脑是中枢神经系统最重要的部分，人脑中含有人体中全部神经细胞的80%。胚胎神经发育过程中，到妊娠第5周，脑的构造能够分为三个部分：后脑（主要包括小脑和延髓，功能分别是协调身体的随意活动和调节内脏活动）、中脑（视觉以及听觉的反射中枢）、前脑（主体是大脑，负责运动、感觉、语言、情绪以及执行功能）。

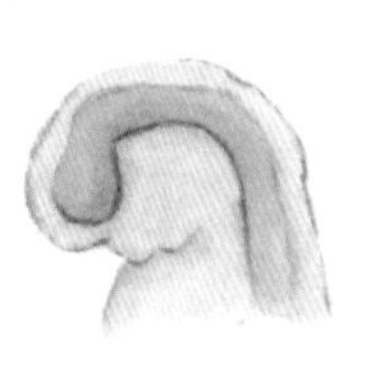

孕早期

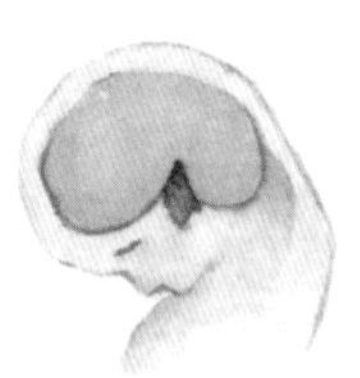

孕中期

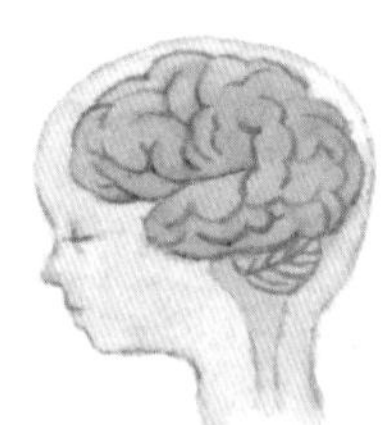

孕晚期

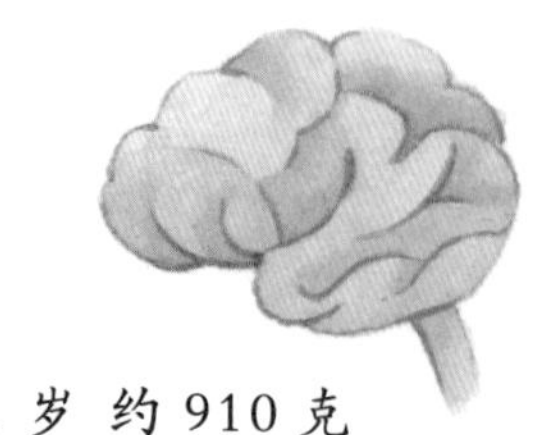

1岁 约910克

6岁 约1200克

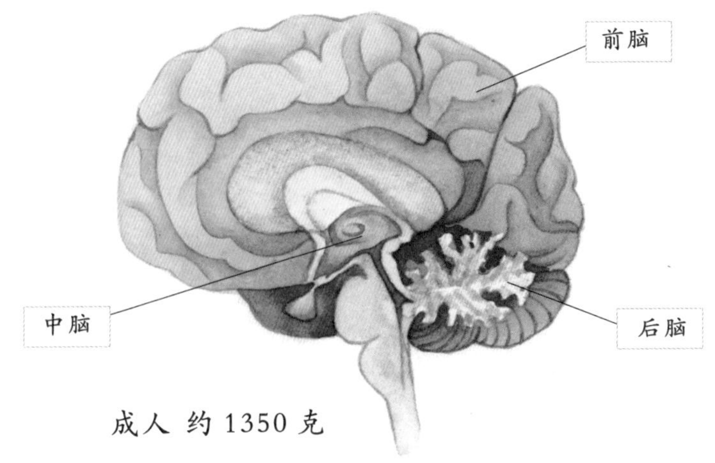

成人 约1350克

妊娠第8周，大脑皮质开始出现，此处的机能活动是人类高级思维活动的物质基础，其中大脑皮质的前额叶和海马区域，更是与智能活动直接相关的重要脑区。前文提到，人类进化至今，大脑容量较灵长类动物至少翻了一倍，而这样的增加主要就体现在发育得越来越大的大脑前额叶，已知的前额叶功能包括记忆、判断、分析、思考、操作。胎儿的头围也反映婴儿大脑发育的情况，正常婴儿的头围约为成人的60%，若新生儿头围过小，大脑发育将受到严重影响，容易出现智力障碍；若新生儿头围过大，说明脑区可能出现病变，需要尽快检查治疗。

婴儿期后的学龄前儿童处于幼儿期（大概3至7岁），此时儿童大脑发育最快，然而此时幼儿脑重的增加并不是神经细胞变多的结果。婴儿期的大脑神经细胞数目已经与成人相同了，大脑重量的增加是由神经细胞结构的复杂化及神经

纤维分支增多和长度增加引起的，这让神经纤维神经兴奋的传导更加精确迅速，保证神经反应的定向传导，为儿童的学习活动奠定生理基础。

步入青春期后，少年脑重已为成人的95%，此时大脑发展有质的飞跃，脑和神经系统的日益成熟让青少年的兴奋与抑制反应发展趋于平衡，从生理的成长期慢慢过渡到稳定期。高峰过后便是缓缓下降，随着年龄的增长，人们会逐渐体验到身心的退行性变化。眼睛花了，需要戴上老花镜；听觉不灵敏了，需要把电视的音量调大；尝不出味道了，炒菜需要多放盐……这些都是人体生理系统的机能衰退的表现。一般从60周岁开始，人的生命就来到了老年期。老年期的大脑机能衰退，主要表现为感知觉迟钝、记忆障碍、思维固执、注意力难以集中等认知减退。

但是一些企业掌舵人平均年龄都偏大，这告诉我们，大脑的思维和执行能力并非随着年龄全部减退。对健康老年人和阿尔茨海默病患者的人口统计学和脑成像研究表明，个体的认知储备能力越强，延缓其认知老化的可能性就越大，其中反映认知储备能力的指标包含个体的受教育程度、职业水平、智力水平、健康状况、智力活动等，在这些方面表现越好，那么个体认知老化的速度就越缓慢。

早期经历对大脑发育的影响

我们都知道行为表现是生理遗传因素和环境因素相互作用的结果，即使是拥有完全相同的遗传染色体和基因的同卵双胞胎，也难免会受到环境的影响。每个人的家庭环境、人际交往、成长环境不尽相同，由此形成的不同个人特征，让我们在面对相同的环境时采取不同的方式应对。为什么呢？因为早期经验会影响神经元之间联结（即突触）的形成，这些联结是大脑建立不同层面的功能通路基础。

胎龄 26 周左右，胎儿的条件反射基本形成，28 周开始，胎儿的听觉传导通路基本建立，这时，运用音乐、触摸等外部刺激进行胎教，胎儿大脑会产生神经冲动，在其大脑神经元间传递，使得由各感觉神经通路构成的大脑网络变丰富。说起音乐胎教，我们并不陌生，胎教音乐能够使胎动时间延长，许多妈妈都会选择在孕期播放明亮、节奏稳定的莫扎特音乐，这也是“莫扎特效应”的实际应用之一。

胎儿出生后，大脑发育会受到更多不同环境因素的影响。

胎儿慢慢长大成人，大脑的发育也仍在继续，早期经历对儿童大脑有较强的影响。很多人都会觉得，在孤儿院等福利机构度过童年或在早年家庭生活中遭受虐待的儿童更容易成长为有性格缺陷的人，因为他们在出生之后没有得到预期的父母关怀和父母教养。研究结果表明，的确如此，因父母和其他护理人员的不良护理行为（如忽视、虐待、缺乏典型的父母照料等）而导致的早期生活压力会增加精神病理学的风险，尤其是情绪和注意力调节方面的障碍。

通常情况下，个体在面对压力刺激时的反应涉及中枢神经系统的活动，以防御保护自身、调整适应威胁。其中，皮质醇是参与压力刺激反应的一种重要激素。在压力状态下，皮质醇能让我们做出有效反应，调节、维持正常的生理机能。如果没有皮质醇，当我们面对蛇或者蜘蛛的时候，就会吓到不能动弹，无法做出快速逃走的反应。当父母与婴儿有安全的依恋关系时，婴儿的皮质醇水平保持平稳，他们的情绪状态比较放松；相反，对处于不安全依恋关系中的婴儿来说，父母的陪伴对抑制皮质醇升高的作用十分微弱，较高含量的皮质醇会引发婴儿情绪上的痛苦。早期生活压力就是通过改变幼年个体对压力和威胁的反应系统，进而损害神经系统发育的。

安斯沃思等通过实验研究婴儿在陌生情境中的不同反应，将婴儿的依恋分为三种类型：安全型依恋、回避型依恋和反抗型依恋。后两种依恋类型可归类为不安全型依恋。

安全型依恋：约占65%—70%。这类婴儿会因为父母的在场感受到足够的安全感，父母离开后婴儿会明显表现出苦恼和不安。

回避型依恋：约占20%，亦称无依恋婴儿。这类婴儿尚未与母亲形成密切的情感联结，无论父母是否在场，情绪起伏不会特别大，持无所谓的态度。

反抗型依恋：约占10%—15%，亦称矛盾型依恋。这类婴儿对于父母亲的离开很警惕，父母的离开会引起他们的大喊大叫，但是父母亲在场时婴儿的态度十分矛盾，表现为既想亲近父母亲但又反抗他们接触。

那么，怎么样能弥补这一阶段父母关怀缺失的影响呢？

我们可以从早产儿相关的研究中寻找答案。一些早产儿一出生便处在新生儿重症监护病房，被迫远离父母的照顾和关怀，为了让这些婴儿的身心水平维持稳定状态，哈佛大学医学院脑科学与婴儿行为发展研究中心主任海德丽丝博士和她的同事开发了一种支持婴儿发展和考虑个体差异的护理方法——新生儿个体化发展护理和评估项目。该护理项目包括测量婴儿的生理指标和行为数据，其中一项是直接观察新生

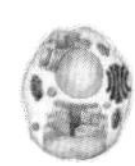

儿重症监护环境中的婴儿，在此过程中，护理人员会使用专门的观察工具评估婴儿行为，做出“稳定”“放松”“压力”“不适”四种状态的判断。然后根据婴儿对接受护理的反应，护理团队再进一步制订具体的发展护理计划，为婴儿总体发展目标的完成和自我调节能力的培养提供支持。已有研究数据证明，该护理方法能够让低风险的早产儿在大脑功能和纤维结构方面有较好的改善。这也能启发家长们在照顾婴儿和幼童时，要注意避免过少陪伴和缺乏足够关注等情况的发生，让孩子在父母的关怀与关爱中成长。

认识脑功能，顺势而为

认识脑功能的历史进程

人类对于脑功能的认识经过了长时间的发展。较早出现的是基于奥地利医生高尔（1758—1928）的颅相学提出的“定位说”，高尔认为大脑皮层由控制不同功能的区域构成，每个分区的生长发育情况都会影响人的颅骨头形，据此可以进一步地猜测推论一个人的个性特征。当然这个理论一经提出就很快遭受到了质疑，事实上，一个人的气质类型是先天的，性格特征则更多受后天的影响。一个人的颅骨特征确实可以与大脑皮层部位的发育联系起来，然而这种难以规范标准的判断却不能帮助我们弄清大脑皮层各区域所对应的具体功能。

关于失语症病人的研究支持了脑的不同部位对应不同机能的定位说。失语症的临床表现为语言障碍，包括听理解障碍和言语表达障碍，其中最典型的两类病人分别是患布洛卡失语症（亦称运动性失语症）和患威尔尼克失语症（亦称接受性失语症）的病人。前者大脑的布洛卡区（左侧额叶下回）受损，该区域涉及发音必需的有关肌肉运动的记忆，患此类

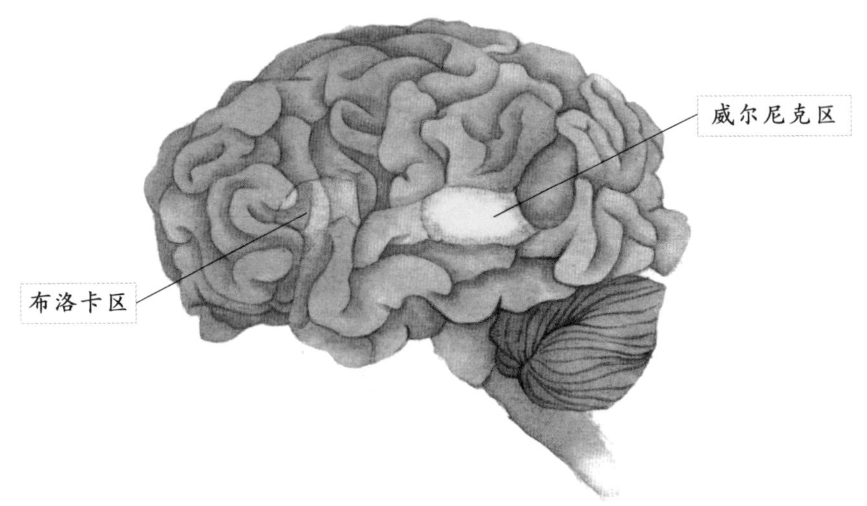

失语症的病人会出现话语内容不合语法、命名不能（不能说出合适的描述词语）、说话发音困难等三种言语缺陷，但听理解能力相对完好。后者大脑的威尔尼克区（左侧颞叶上回）受损，该区域涉及构成词语的声音记忆，患此类失语症的人会出现识别听力词语、理解词语意义、语言输出方面的障碍，表现为病人的语言理解能力差，语言表达流利但无意义。

相信你也发现了，对因意外而造成脑损伤或者做过脑切除手术的病人进行行为评估，可以很好地帮助人类了解大脑不同结构对应的功能。那么通过这一类型的研究，科学家们还有什么有意思的发现呢？

患癫痫病（又名羊痫风）的病人通常会出现突然全身肌肉抽动及意识丧失的症状，该病以脑神经元异常放电引起症状反复发作为特征。为了阻止癫痫发作时的异常脑电信号从一侧脑半球传递到另一侧，部分对药物治疗无反应的病人会接受切除胼胝体的手术，该结构位于大脑正中，功能是连接左右两侧脑的对应部位，所以切除胼胝体的病人也被称为“裂脑人”。根据前人的结论，右半球控制左半侧身体，左半球控制右半侧身体，在左右眼视线隔开的情况下，左眼视野的信息输入右脑，右眼视野的信息输入左脑，两侧视野信息在脑中进一步处理后才能让我们对整合信息做出反应。

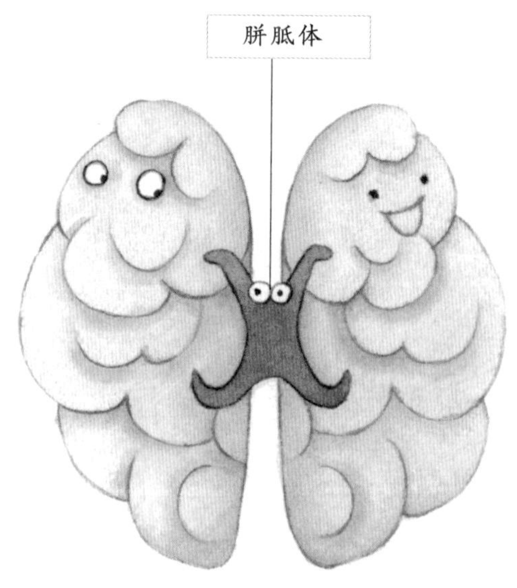

因此，大脑左右半球失去沟通桥梁的“裂脑人”是十分适合探究大脑左右半球独立控制功能的实验对象。20世纪60年代，美国著名神经心理学家罗杰·沃尔科特·斯佩里就围绕“裂脑人”展开了一系列巧妙的实验，得出了一些令人惊讶的实验结果。

1.实验者向被试裂脑对象的左耳发出举手或屈膝的动作命令，被试者的右半侧身体能按照指令做出动作，然而左半侧身体却不受控制。

2.在暗室中示意被试裂脑对象用左手去拿一个物品，他能拿对，但是同样的物品放到他的左手上，他却不能说出是什么。

3.将被试裂脑对象的双眼蒙住，实验者用手去接触对象左侧身体部位，对象无法说出被接触的位置。

4.蒙上双眼的右利手（习惯用手为右手）的被试裂脑对象用右手接触常见且熟悉的生活用品，他很容易就能说出物品名称，然而将物品放到他的左手上，他就说不出来了。更有意思的是，蒙眼的被试者用左手接触物品后，可以在保持蒙眼的状态下，从一堆物品中挑出刚才接触的物品，但是他仍然说不出来接触的是什么东西。

5.在被试裂脑对象面前放置一块屏幕，保证屏幕的左侧、右侧图像分别只能被左眼、右眼捕捉到。先在屏幕随机一侧呈现亮点，让被试者口头报告看到的视觉信息。当实验屏幕右侧出现亮点信息时，被试者能够立即准确说出看到了亮点；当实验屏幕左侧出现亮点信息时，被试者却说什么也没有看见。然而接下来让被试者将口头报告改为做出手势反应，运行相同实验程序时，被试者却能够对屏幕左侧出现亮点信息做出手势反应。

实验结果表明虽然控制语言表达能力的是左脑，但是右脑仍然具有理解语言的能力。

根据一系列“裂脑人”的实验结果，斯佩里教授进一步地总结了左右脑分工明确的“左右脑分工理论”，提出人的左脑主要负责逻辑思维，而人的右脑主要负责形象思维。左右脑具体分工见下图。

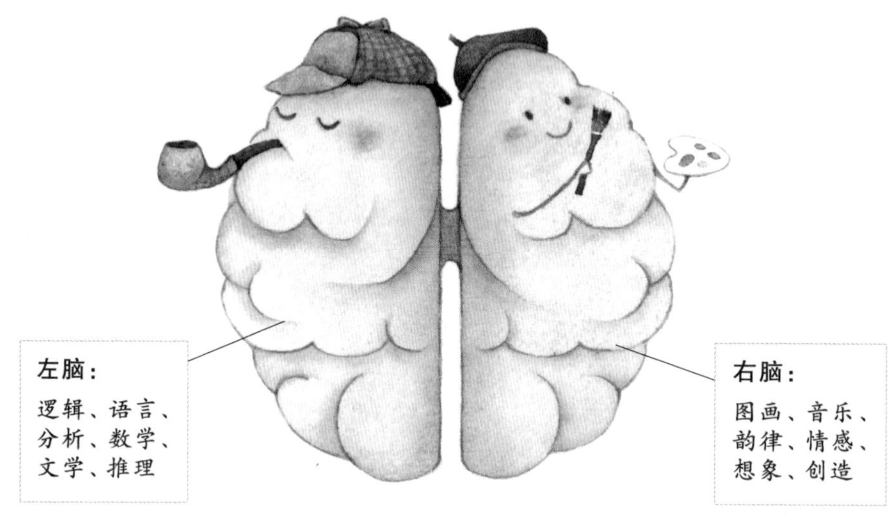

然而，尽管布洛卡区和威尔尼克区的发现等实验研究都证明了大脑的各区域确实对应不同的机能，但是“左右脑分工明确”是流言。科学家们发现人们在完成语言、逻辑等任务时，左右脑都会参与，目前也没有科学数据能证明创造性与右脑有特殊的联系，因此左右脑的差别并不体现在它们的功能上。人类精细的认知能力和复杂的行为反应不仅依靠大脑各结构的专门化机能，而且依靠各个脑区之间的紧密联系和合作。由此，20世纪80年代科学家提出了关于脑功能的“模块说”理论。模块理论认为，人类拥有的各种复杂精细的认知功能，是通过大脑内高度专门化、相对独立的模块以及模块之间的精妙结合来实现的。

关键期

儿童时期大脑的发育及功能与日后的学习情况息息相关，除了应用各种生理指标进行研究，科学家们也在积极寻求能反映儿童大脑内部发育的外化行为指标。通过评估语言和读写能力等行为指标，可以帮助衡量早期大脑整体发育水平，从中发现早期经验对大脑发育的影响。关于言语发展，我们普遍认为3—5岁是幼儿口语表达能力发展的快速时期，是熟练掌握口头语言的关键期，在这一时期的孩子更容易习得和掌握不同的语言。研究发现，婴儿在出生后的7—8个月内接触两种语言（例如中文和英语），能为以后无口音地流利使用这两种语言打下基础；3—7岁就能掌握两门语言的幼儿，他们负责语言功能的左脑半球可能会更大。那么，什么是关键期呢？错过关键期会有什么后果呢？

关键期是个体对某些技能或行为模式发展最敏感或处于准备状态的时期。特殊的技能或行为模式在关键期开始之前是不可能出现的，但当关键期过去后，形成某种技能也并非不可能，只不过会比较困难。

语言习得关键期最直接典型的证据来自一些特殊儿童语

言行为的研究，他们的大脑并没有损伤，但由于在语言发展期被剥夺了语言环境，他们的语言发展也受到了不可逆转的损伤。一个典型的案例是 1920 年在印度加尔各答发现的狼孩卡玛拉，卡玛拉被找到的时候已经 7—8 岁了，经过 7 年的教育后，她才勉强掌握 4—5 个词和几句常用的话。虽然她已经开始逐渐朝人的生活习性迈进，但是适应得并不好，去世时仅 16 岁左右，智力水平相当于 3—4 岁的儿童。另外一个经典的案例是出生 20 个月之后长期受到父亲虐待的女孩吉妮，12 年来她被囚禁在黑暗的房间，只要她发出声音便会引来一顿毒打。当吉妮 13 岁终于逃离那个暗无天日的地方时，她已经完全不会说话了。即便后来的语言学家对她进

行长达 7 年的系统而细致的训练，她的语言表达和语法使用也比同龄人差得多。

语言习得关键期存在的证据也与上文提及的双语学习有关，关于第二语言（母语为第一语言）的学习研究发现，处于第二语言环境中的年纪越小，人们对其语法的掌握程度就越高，3—7 岁儿童能够获得如同本地人一样流畅的语言，而到了 8 岁以后，对语法的掌握程度就开始下降了。

随着关键期的提出和重视，社会各界越来越关注儿童的早期教育。双语幼儿园、外国语学校日益受捧，外教外语、文体技能等兴趣班逐渐兴起，父母想要孩子学的东西越来越多，孩子“需要”学的东西也越来越多。“不让孩子输在起跑线上”的话听多了，父母焦虑不安，儿童学习知识、技能的年龄一再提前。这样的现象是好的吗？到底是“凡事赶早不赶晚”，还是“拔苗助长”呢？

顺势而为的教育

英国的初等教育从5岁开始，经过学前教育的儿童从5岁开始接受系统的学习。然而这一制度一直饱受质疑，根据儿童身心发展的特点，5岁这一年龄段入学是否过早地让孩子放弃了他们本应以积极玩耍为基础的学习，过早地开始学习正式的、以学科为基础的系统课程呢？由剑桥大学花6年时间完成的《剑桥初等教育调查》指出，未满6岁就开始接受语文和数学等正规学习的儿童，长大后学习表现反而不如较晚读书的同龄儿童。

首先，4—5岁是儿童开始学习的关键时期，而正式初等课程规定有明确的教学目标，对学生有知识和技能的掌握要求。如果这个年龄阶段的儿童不能完成目标，他们有可能会感到挫败、失去信心，这不利于儿童以后适应整个教育系统。

其次，该调查还提出儿童的学习和认知方面的6个重要观点，其中3个十分具有启发意义。

1. 婴儿和儿童的学习、思考和推理的方式已经和成人无异，他们缺乏的只是理解他们所发现事物的经验——这也是小学阶段以基础知识的传授为主的原因。

2. 儿童的学习依赖于分布在整个大脑的多感官神经网络——这要求教育课程提供多感官的体验，不能让儿童只通过被动地接受概念性知识来学习。

3. 儿童在学习时，其个体的生物、情感、智力与社会皆密不可分——教育应考虑儿童的身心发展特点以提供相应的课程内容。

2006 年的一项研究数据显示，在儿童的阅读和读写能力平均得分高于英国的 15 个国家中，有 14 个国家的儿童初等教育入学年龄为 6—7 岁。这些国家倡导孩子快乐阅读。这启示我们，应该顺应儿童身心发展的特点和学习发展的能力，教育需要顺势而为。

良

第五章 基因与癌症

彭斌 许兴智

2015年3月24日，《纽约时报》报道了一个爆炸性的新闻，美国著名演员安吉丽娜·朱莉接受了卵巢和输卵管摘除手术，以预防卵巢癌。而在两年前，朱莉刚刚接受过双侧乳房切除手术，以预防乳腺癌。朱莉说："这不是轻松的决定，我的母亲49岁时被诊断患有卵巢癌，而我现在已经39岁了。"朱莉的母亲、姨妈和外祖母均死于癌症，在《我为何切除双乳乳腺》一文中，她写到自己的母亲被乳腺癌折磨多年，十分痛苦。而在做了基因检测后，她发现自己也携带同样的容易导致癌症的基因，医生说她体内的基因让她罹患卵巢癌的概率为50%，乳腺癌的概率为87%，于是她做出了切除乳腺和卵巢的决定。

朱莉身上携带的突变基因叫作*BRCA1*基因，这使她患乳腺癌和卵巢癌的风险非常高。她的母亲同癌症抗争了许多年，最后在56岁时去世。在美国，8名妇女中就会有1人患乳腺癌；在白人女性中，由*BRCA1*基因突变导致的乳腺癌病例占 5%—10%，而卵巢癌病例占 10%—15%。美国癌症专家肯尼斯·奥菲特博士说，被发现携带 *BRCA1* 突变的女性中，大约 30% 的人会选择接受预防性的乳腺切除术。那些看到过家族成员中因乳腺癌而早逝的人最有可能选择接受手术。

朱莉预防的乳腺癌，是一种给女性带来困扰的病症，时刻夺走无数人的生命。早在 40 年前，美国前第一夫人贝蒂·福特向全世界宣布她已被确诊患乳腺癌，将接受根治性乳房切除术以消除肿瘤。福特的勇敢决定打破了广大女性对乳腺癌的沉默，促使数百万妇女接受筛查，这使美国乳腺癌检出率大幅度上升。女性乳腺是由皮肤、纤维组织、乳腺腺体和脂肪组成的，乳腺的正常细胞发生癌变之后，细胞容易脱落，游离的癌细胞可以随血液或淋巴液扩散到全身，发生肿瘤转移。乳腺癌的发病 99% 集中在女性，男性也会得乳腺癌，但比例很低，仅占 1%。我们在这一章里面将会说明癌症是什么，癌症因何而起，怎么预防、诊断和治疗癌症。

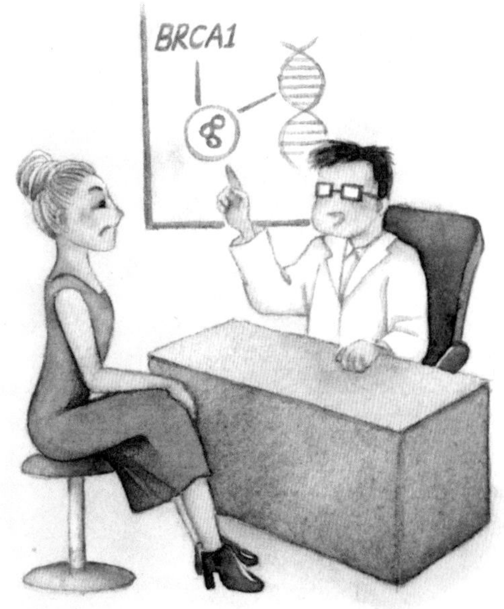

癌症是什么？

肿瘤和癌症

癌症、心脏病和脑血管疾病是威胁我国居民生命健康的“三大杀手”。这三种疾病占居民死亡率的65%，而癌症独占了三分之一，已成为危害居民健康的“头号杀手”。

肿瘤分为良性肿瘤和恶性肿瘤两种，恶性肿瘤就是我们常说的癌症。良性肿瘤可以长得非常大，挤占周围正常的健康组织，但是通常不会转移到身体的其他部位去，较少危害

生命健康。而恶性肿瘤细胞则会进入人体的血管或者淋巴管，再迁移到其他部位，并形成新的肿瘤病灶，这一过程被称为癌症的转移。

癌症是以细胞生长增殖失控、从起源部位向其他部位侵袭或者转移为特征的一类疾病。我们人体是由 10^{13} 至 10^{14} 个细胞组成的，这些正常细胞以一种有序的方式进行生长、分裂或者死亡。在婴幼儿到青少年时期，细胞的生长分裂非常快速，促使个体生长；成年之后，大多数细胞不再分裂生长，小部分细胞的增殖也是用于替换正常凋亡的细胞和组织。因为正常的细胞是有寿命的，人体的细胞大概 22 至 24 小时增殖一代，从一个细胞变成两个子代细胞。正常细胞的增殖代数受到精准调控，增殖的代数超过上限（如 10 代）后，细胞的寿命也就到了，就会走向凋亡。如果身体某个部位细胞发生了癌变，那么细胞的生长就会变得不受控制，变成永生化的不死癌细胞。目前，癌症的种类超过了 200 种，癌症的命名往往与它的起源组织有关。比如绝大多数癌症起源于上皮细胞，称为癌；起源于骨或者肌肉的称为肉瘤，比如骨肉瘤；而起源于腺体组织的称为腺癌，比如美国演员安吉丽娜·朱莉所预防的乳腺癌。

我们对癌症的认识经历了一个漫长的时期，我们国家的古代医药典籍中很早就有关于肿瘤病变的记载。早在 3000

多年前，商朝殷墟的甲骨文就出现过“瘤”字，到了明朝就开始用“癌”来形容乳癌或其他恶性肿瘤。在西方，早在2500多年前就有古希腊学者用源于crab（蟹）的词cancer来描述肿瘤，提示其类似螃蟹具有侵袭和转移等特征。然而，对于肿瘤的病因、流行病学调查以及肿瘤的发生发展机制的研究集中在最近的200年中。尤其是人类基因组计划顺利实施的近30年以来，肿瘤的研究跨入了基因组时代。

中国癌症的现状

近10多年来，中国恶性肿瘤发病率（约3.9%）和死亡率（约2.5%）每年还在持续增加，整体形势严峻。与中国相比，美国在1991—2016年癌症总死亡率稳步下降，25年下降了27%，相当于癌症死亡人数减少了约260万。其原因在于吸烟人数的稳步减少以及癌症早期诊断和治疗方面取得的进步。比如，在美国前第一夫人贝蒂·福特以及安吉丽娜·朱莉的示范和带动下，越来越多的女性客观对待并进行早期乳腺癌筛查，从而大大降低了乳腺癌的发病率和死亡率。

基因与癌症

所有的癌症都是控制细胞生长和分裂的基因功能异常而导致的。只有约 5% 的癌症是显著遗传性的，换句话说，单一遗传的基因变异可能会导致人体发生某种癌症的风险性大大增加。比如我们前面提到的安吉丽娜·朱莉，她从外祖母和母亲那里遗传到了 *BRCA1* 基因的突变，医生判断她得卵巢癌的概率为 50%，得乳腺癌的概率高达 87%。为了防止自己跟母亲一样得癌症，她才做出了切除乳腺和卵巢的决定。

然而从另外一个角度来说，剩下 95% 的癌症并不是遗传的基因变异导致的，在人的一生中，基因不断受到损伤而发生了癌变。正常细胞变成癌细胞主要是因为它的遗传物质 DNA 受到了损伤。DNA 存在于每一个细胞中，并决定了所有的细胞活动。而我们的基因组 DNA 时刻都在因遭受各种内源因素（比如代谢中产生的活性氧）、外源因素（太阳光中的紫外线）的攻击而损伤，而把基因组稳定地遗传给子代是物种维持稳定的根本。幸运的是，我们人体已经进化出一套完整的识别、应对和修复受损 DNA 的机制——DNA 损伤应答系统。这个系统可以感知哪里的 DNA 发生了损伤，并能对受损的DNA进行修复等。正常的细胞通过DNA修复可以成功矫正受损的DNA；如果这个DNA损伤太严重导致修复失败的话，那么细胞就会走向凋亡；假如修复过程发生了错误，那么就会引起基因突变，日积月累，就容易导致癌变。

癌症是怎么造成的？

化学武器与抗癌

第一次世界大战（简称“一战”）期间，同盟国和协约国两方陆军互相发射一种装填了油状物质的炮弹，这就是臭名昭著的芥子气。芥子气学名二氯二乙硫醚，是十分著名的化学武器，会让人皮肤或黏膜糜烂。“一战”中，德国在比利时首先对英法联军使用了芥子气，并引起交战方效仿。据统计，“一战”中因毒气伤亡的人数达 130 万，其中近 90% 是芥子气中毒。日本侵华战争中，臭名昭著的日本 731 部队在中国东北地区秘密研制这种气体。

那么，这种杀人不眨眼的化合物怎么会与救人性命的抗癌药物联系在一起呢？当时的医生注意到，战场上一些受伤士兵只要接触过芥子气，他们体内的白细胞数就会突然下降。科学家开始论证这样一种可能性：既然芥子气可以降低白细胞数量，那么它是否能抑制住白血病或淋巴癌患者体内疯长的白细胞？遗憾的是，芥子气本身对癌症没有什么疗效，但是科学家没有气馁。他们发现芥子气其实是多种硫芥化合物中的一种。1935年，化学家合成了氮芥系列物质，它们与芥子气结构相似，具有鱼腥味，毒性也很强。1942年，美国耶鲁大学的药理学家阿尔弗雷德·吉尔曼和路易斯·古德曼开始秘密对氮芥作为临床癌症化疗药物进行研究。他们很快就发现，这些化合物可以杀死肿瘤细胞，能用于治疗淋巴癌。这种化合物后面被直接称为“氮芥”。

随着研究的深入，人们发现芥子气、氮芥等化学物质是一类非常强的致癌性化学诱变剂，它可以与人体的蛋白质、DNA等发生结合，破坏人体正常的蛋白结构以及造成DNA损伤。如果受损的DNA得不到有效修复，那么就会导致细胞凋亡；如果发生了错误修复，日积月累的基因突变就会导致细胞发生癌变。下面，我带着大家看看癌症发生的诱变因素。

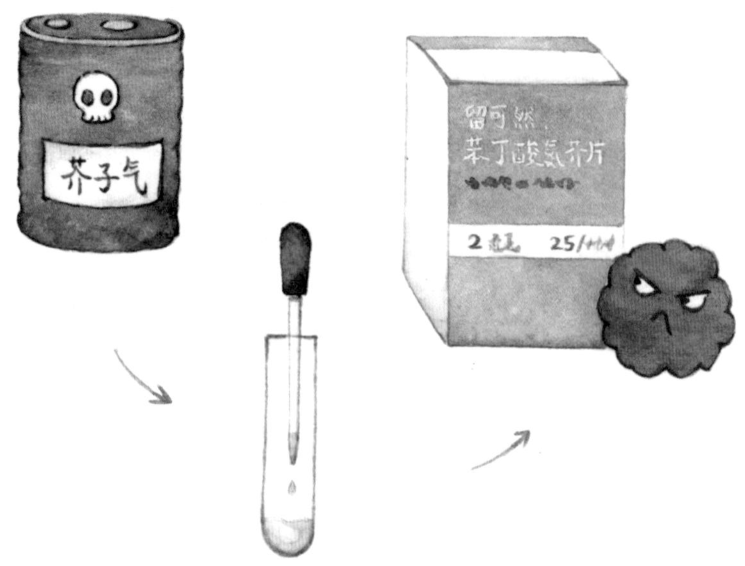

肿瘤病因

肿瘤的病因是指能够引起肿瘤发生的原始动因。恶性肿瘤的病因极为复杂，它并不是一种因素导致的，往往是多种致癌因素共同、长期的作用而导致的综合后果。癌症的流行病学数据显示 80%—90% 的人类癌症是由外界环境因素引起的。一般分为内源性和外源性因素。外源性因素泛指直接接触到的某些特定的外源性致癌物，比如化学致癌物、物理致癌物、生物致癌物；内源性致癌物则与机体本身有关，比如免疫力、激素和 DNA 损伤修复能力等。以上内源性和外源性因素均可以被归纳为环境因素，然而在相同的环境中，每个人罹患癌症的概率不尽相同，这说明肿瘤的发生还受遗传因素的影响。

化学致癌物

人们在生活中每天都会接触大量的化学物质，化学物质存在于与我们息息相关的空气、食物和药品里。早在100多前，科学家就首次证实焦油里面的致癌物多环芳烃可以诱导兔子的耳朵发生皮肤癌。另外，国际癌症研究机构将香烟中的81种化学物归为致癌物，其中香烟烟雾中的著名致癌物苯并芘以及二甲基苯蒽是最强的致癌物。

化学致癌物是人类肿瘤最主要的致癌因素，可分为直接致癌物和间接致癌物。直接致癌物是指在体内可以直接作用于细胞而不需要代谢就可以诱导正常细胞发生癌变的化学致癌物，大部分是合成的有机物，包括内酯类、芥子气、氮芥类以及活性卤代烃等。直接致癌物可直接诱发肿瘤，但一般致癌性较弱，需要的时间长。间接致癌物是指进入体内后需要经过代谢活化变成具有致癌活性的产物的一类致癌物，每种致癌物都有自己对应的代谢途径。间接致癌物包括多环芳烃、亚硝胺类、黄曲霉素、苯和氯乙烯等。多环芳烃多存在于沥青、香烟、汽车废气以及熏制食品中，与肺癌和皮肤癌密切相关；芳香胺类多存在于着色剂、人工合成染料中，对DNA造成损伤，与膀胱癌发生相关；亚硝胺类广泛存在于香烟烟雾、熏制肉类、油煎食品和酸菜中，能引起消化系统的癌症；黄曲霉素由黄曲霉菌产生，存在于霉变的花生、玉米及谷物中，黄曲霉素被世界卫生组织列为最强的致癌物质，主要诱发肝癌；苯在工业中被广泛应用，存在于油漆、汽油及各种涂料中，通过呼吸道经过代谢运送至骨髓，可导致染色体断裂、缺失和DNA突变。

吃出来的癌症

2015年，有媒体报道扬州一家三口相继被诊断为胃癌，可能与全家人长期吃咸菜以及剩菜剩饭有关。生活中，我们经常听到腌菜、腌肉、剩菜这些食物不能多吃，因为它们含有大量的亚硝酸盐，会对健康造成危害。我们前面也提到，化学致癌剂亚硝胺类广泛存在于香烟烟雾、熏制肉类、油煎食品和酸菜中，能引起消化系统的癌症。那么这与亚硝酸盐有什么关系，它又是怎样影响人类健康的呢？

其实在食品工业中，亚硝酸盐是一种常见的食品添加剂，主要用在肉制品当中，基本上在超市买的火腿或其他加工肉制品都会用到亚硝酸盐。因为亚硝酸盐作为防腐剂可以抑制肉毒杆菌的生长，肉毒杆菌可以产生剧毒的肉毒素，危害人体健康。另外，亚硝酸盐加入肉类之后，可以与肉中的血红素结合形成粉红色的亚硝基血红素，让肉制品煮熟之后呈现出好看的粉红色。我国标准规定，亚硝酸盐在各种加工肉质

品中使用的残留量不得超过 30mg/kg—70mg/kg。通过食物吃进去的少量的亚硝酸盐可以通过尿液代谢掉。隔夜菜中的亚硝酸盐是由硝酸盐经过蔬菜本身或者细菌产生的酶还原生成的，而且做熟的隔夜菜很适合细菌生长，更容易产生亚硝酸盐。不过一般情况下，隔夜菜中的亚硝酸盐含量达不到有害健康的水平，偶尔吃点剩饭剩菜没有太大问题。

真正令人担心的是亚硝酸盐的慢性毒性，因为亚硝酸盐与蛋白质分解产物在酸性条件下容易发生反应，产生亚硝胺类物质，而亚硝胺是公认的一级致癌物。人的胃液为酸性，恰好适合亚硝胺的形成，所以大量摄入亚硝酸盐会增加得癌症的风险。日常生活中亚硝酸盐含量较高的有腌制肉制品、泡菜及变质的蔬菜等，对于这类食物，做到尽量少吃，多吃新鲜蔬菜和肉类，以规避这个风险。

物理致癌物

诱发癌症的物理性因素主要包括电离辐射、太阳光中的紫外线等。电离辐射是最强的物理致癌因素之一，是能够引起物质电离的辐射总称。电离辐射包括带电的粒子（α 粒子和 β 粒子），以及不带电的粒子（X 射线、γ 射线）等。

电离辐射可以直接穿透组织和细胞，并在局部释放大量的能量，造成严重的损害。X 射线是一种常见的物理性致癌因素，妇女在受精前或孕早期如果接受过量 X 射线照射，可使卵子、胚胎等发育畸形，从而诱发流产、胎儿畸形，甚至使婴儿发生白血病等。

研究表明，长期接触各类放射性射线的辐射的最终结果就是各类肿瘤的发生。如在医院放疗科的放射工作者长期接触 X 射线而防护不到位时，常会发生放射性皮炎甚至皮肤癌；出生前后接触过 X 射线的儿童，其急性白血病的发病率明显高于一般儿童；第二次世界大战期间，日本长崎和广岛遭受过原子弹的攻击，幸存者中，后期罹患各类癌症死亡的人数远远高于爆炸时当场死亡的人数，婴儿的慢性粒细胞白血病的发病率显著升高。开创了放射性理论、发明分离放射性同位素技术、发现两种新元素钋和镭的居里夫人在 67 岁时死于白血病，就是由于长期遭受了放射性物质的辐射累积而致癌。

太阳光中的紫外线与各种皮肤癌密切相关，日照辐射强的地区皮肤癌发病率高。皮肤癌发病率在人群中的差异也较大，白色人种相对于黑色人种，发病率要高近 50 倍。阳光下长时间的暴露可引起皮肤鳞状细胞癌、基底细胞癌和黑色素瘤。这是由于紫外线会被 DNA 含氮碱基内的共轭双键所吸收，造成 DNA 损伤。

消失在“蘑菇云”里的城市

1945 年 8 月 6 日，美军第二航空队将一枚 4 吨重用铀作裂变材料的原子弹“小男孩”投向了日本广岛。爆炸的一瞬间，

电离辐射可以直接穿透组织和细胞，并在局部释放大量的能量，造成严重的损害。X射线是一种常见的物理性致癌因素，妇女在受精前或孕早期如果接受过量X射线照射，可使卵子、胚胎等发育畸形，从而诱发流产、胎儿畸形，甚至使婴儿发生白血病等。

日照辐射强的地区皮肤癌发病率高，阳光下长时间的暴露可引起皮肤鳞状细胞癌、基底细胞癌和黑色素瘤。这是由于紫外线会被DNA含氮碱基内的共轭双键所吸收，造成DNA损伤。

一道耀眼的白光照亮了整个天空，爆炸当量为1.3万吨TNT炸药的铀弹在离地不到200米位置上爆炸。就在同一瞬间，冲击波以每秒3.2千米的速度从爆炸中心向外传播，腾起的烟尘形成巨大的“蘑菇云”。这个城市地表上的建筑、植物和动物都遭到毁灭。到1945年底，据估计广岛核爆造成的死亡数字为14万人。3天后，美国的重型轰炸机携带另一颗当量更大的原子弹“胖子”，将其投向了长崎市，造成8万余人当日伤亡和失踪。

尽管已经过去70多年，现今依旧有成千上万的爆炸幸存者因为当时的核辐射，而受到了健康上的损伤。截至2015年，病故的广岛原子弹爆炸幸存者中，接近三分之二的人死于恶性肿瘤（癌症），主要的类型是肺癌（20%）、胃癌（18%）、肝癌（14%）、白血病（8%）、肠癌（7%）和恶性淋巴瘤（6%）。日本红十字会长崎原子弹爆炸病院名誉院长的研究显示：原子弹爆炸幸存者的白血病发病率是正常人的4至5倍！1945年直接受到核辐射的10岁以下儿童，之后几乎都患有一种老年人才会得的白血病，发病率是普通人的4倍！这都是由于爆炸时整个身体都受到了辐射，多个器官的细胞都遭受了许多严重的、不可修复的DNA损伤，导致基因突变的累积，最终细胞发生了癌变。

生物致癌物

生物致癌物主要指肿瘤病毒、真菌、细菌和寄生虫等。目前确认跟人类有关的肿瘤病毒主要有6个，包括与宫颈癌有关的人乳头瘤病毒（HPV）、与肝癌有关的乙型肝炎病毒（HBV）和丙型肝炎病毒（HCV）、与鼻咽癌有关的EB病毒、人类疱疹病毒和淋巴瘤病毒。真菌致癌最常见的是黄曲霉菌所产生的黄曲霉素，这与肝癌密切相关。细菌一般不认为是致癌因素，但是也有例外，比如幽门螺杆菌的感染被认为与胃癌的发生密切相关。

1. 致瘤性病毒

人乳头瘤病毒（HPV）是宫颈癌的主要致癌因素，宫颈癌业已成为全球女性易患的仅次于乳腺癌的第二大肿瘤。HPV是一种嗜上皮DNA病毒，存在多种亚型，分为低危型和高危型。其中某些亚型与人类异常疣、尖锐湿疣等良性肿瘤形成有关。高危型HPV更多引起人类生殖系统肿瘤，如90%以上的宫颈癌组织中能检测到高危的HPV-16和HPV-18。

乙型肝炎病毒（HBV）又称为Dane颗粒，是小DNA病毒，与人类原发性肝癌密切相关。但并非所有的肝癌都与HBV有关，有些肝癌患者不是由HBV诱导的。肝癌是我国常见的恶性肿瘤之一，死亡率占据第二位。据统计，

我国 HBV 感染者有近 1.2 亿人，占人口总数的 8%—10%，是乙型肝炎的高发区。

EB 病毒是一种双链 DNA 病毒，属于疱疹病毒，以潜伏或者裂解状态存在于多种细胞中，人群中感染率达 90% 且终身携带。EB 主要攻击 B 淋巴细胞，EB 的感染会导致鼻咽癌。

丙型肝炎病毒（HCV）是一种单股正链线状 RNA 病毒，HVC 的感染引起的丙型肝炎占全球急性肝炎的 15%，占慢性肝炎的 60%—70%。晚期肝硬化和肝癌约有一半是由 HCV 感染造成的，我国 HCV 感染人数大约为 4000 万，占人口总数的 3.2% 左右。

2. 致瘤性细菌

与肿瘤相关的细菌主要是幽门螺杆菌，自 1982 年澳大利亚科学家沃伦和马歇尔首先从人胃黏膜中分离、培养出幽门螺杆菌以来，这种细菌已经被证明是慢性胃炎和胃溃疡的致病菌，与胃癌和胃黏膜淋巴瘤的发生、发展有密切关联。1994 年，世界卫生组织国际癌症研究机构把幽门螺杆菌正式列为胃癌的一类致癌原。马歇尔等也因相关研究获得 2005 年的诺贝尔生理学或医学奖。

3. 致瘤性寄生虫

寄生虫感染是常见病，与肿瘤发生有关的寄生虫主要是裂体吸虫和肝吸虫，比如中华分支睾吸虫与原发性肝胆管癌有关，埃及血吸虫与膀胱癌有关。

遗传因素

绝大多数恶性肿瘤的发生与前面所讲的物理、化学及生物因素有关，可归纳为环境因素。然而遗传因素与肿瘤的关系也十分密切，遗传因子的改变也会影响环境致癌因素对人类致癌的影响。

家族性肿瘤：早在19世纪，法国外科医生布罗卡发现其妻子家族中24位女性亲属有10位罹患乳腺癌及其他肿瘤，这种聚集现象延续了几代人。这种一个家族中有较多成员发生一种或几种部位相同的肿瘤被称为癌家族。而家族性癌是指同一种肿瘤常见于某一家族中，一般为常见的肿瘤，近亲发病率比一般人高。比如法国著名的皇帝拿破仑和他的父亲、姐姐都得了胃癌，他的另外两个姐姐及兄弟和祖父也疑似患有胃癌。

常见的家族性肿瘤有视网膜母细胞瘤，这是婴幼儿时期常见的恶性肿瘤。此外还有神经母细胞瘤，是一种儿童常见肿瘤，起源于神经嵴，80%的患病儿童在5岁前患病。

我们前面提到的美国著名演员安吉丽娜·朱莉选择切除乳腺和卵巢就是为了防止自己得肿瘤。因为她的母亲和外祖母以及姨妈都得了乳腺癌，而她也遗传了突变的基因*BRCA1*，她这种情况就比较符合家族性乳腺癌。

怎么预防、诊断和治疗癌症？

肿瘤的发生是一个长期累积、逐步发展的过程。肿瘤的病因学分析发现，尽管受遗传因素的影响，但是显然环境因素对肿瘤发生的影响更为显著，因此肿瘤是可以预防的。各种新技术的革新，尤其是基因诊断和基因治疗技术的发展，为肿瘤的诊断开辟了新领域，指明了新方向。

临床上，用于治疗癌症的方法最多的还是外科手术切除组合放射治疗（放疗）或化学治疗（化疗）。化疗是通过靶向细胞的基因组 DNA、RNA 或蛋白质的化学药物来阻断处

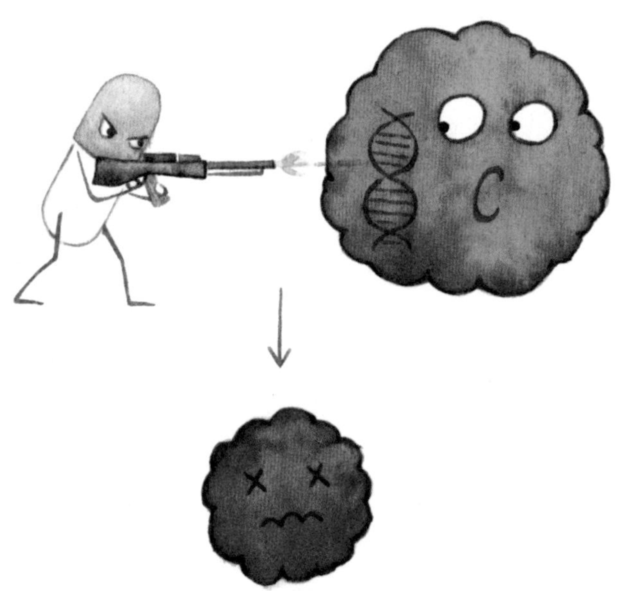

于快速分裂状态下的肿瘤细胞的生长。其机制可归结为对肿瘤细胞基因组 DNA 造成不可逆的损伤并启动肿瘤细胞的凋亡。然而，由于许多化疗药物的选择性较差，损伤肿瘤细胞的同时，对于正常分裂细胞也带来不同程度的毒性，所带来的副作用如脱发、溃疡及贫血等限制了它们的疗效。在过去的 30 年中，随着对肿瘤发生发展机制研究的不断深入，分子靶向治疗成为越来越具有吸引力的抗癌方法，越来越多将细胞内重要的分子作为治疗靶点的新药不断被发现，成功用于临床并取得良好效果，如赫赛汀和格列卫等。

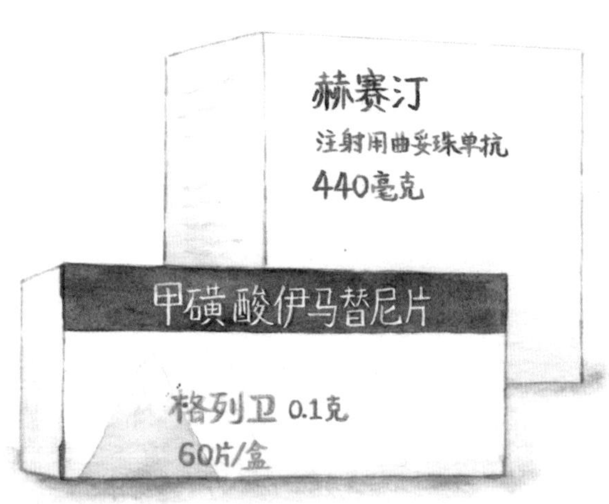

癌症的预防

肿瘤的流行病学和病因学表明，绝大多数的肿瘤是可以预防的。环境因素和人类自身的生活习惯对肿瘤发病率和死亡率的影响占 70%—80%，遗传因素仅占 20%—25%。环境致癌因素中大部分是可以预防和避免的。尽管遗传因素很难予以矫正，但是随着分子生物学技术的飞速发展，诸多原癌基因和抑癌基因被鉴定；DNA 测序技术的快速发展，让人们可以提前预知某个个体的肿瘤易感性，提前做一些预防性措施。

我们前面提到的典型例子就是美国女星安吉丽娜·朱莉为防癌切除乳腺并公开此事，希望更多的有潜在患病基因突变的女性勇敢接受手术。由于她的影响力巨大，一时间“*BRCA* 基因检测”“预防性乳房切除”等名词风靡全球。如今，DNA 测序技术的进步和成本的进一步降低，使每个人都可以提前预知是否携带某种癌症易感基因的遗传变异，从而有意识地预防癌症发生。

人类癌症的发生是多因素长期作用的累积效应，因此肿瘤的预防必须考虑多种内、外源因素的影响，可分为一级预防、二级预防和三级预防。

一级预防：病因和发病学预防。采取相应的措施，防止环境中致癌因素的作用和确定高风险肿瘤易感患者。物理因素包括各类射线，需要避免接触各类放射性物质，生活中做好防晒（防紫外线）。化学因素包括各类致癌物，生活中避免吸烟，烟草中的焦油和尼古丁可造成人类心血管疾病和肺部疾病等；注意食品安全问题，避免高脂饮食，严防亚硝胺、黄曲霉素等致癌物。生物因素方面，严防致瘤性病毒的感染，如EB病毒、HPV及乙肝病毒，可以注射相应疫苗。

二级预防：早发现、早诊断和早治疗。二级预防不能防止肿瘤的发生，但是可以阻止肿瘤的发展，降低死亡率。如果能在肿瘤发展的早期做出检测和判断，早诊断和早治疗可以治愈50%以上的肿瘤。如在胃癌发生早期进行根治，5年的生存率大于90%。政府可开展肿瘤普查工作，针对某些特定人群进行重点或全面的居民健康监测。食管癌高发地河南省林县坚持群众性食管癌普查工作，基本上能做到早发现和早治疗，大大提高了食管癌的治愈率。

三级预防：对已患肿瘤的病人进行对症防治和复发监测，提高生存率，降低死亡率，并提高治疗后患者的生存质量。

生活习惯与癌症预防

不良的饮食习惯和行为及生活方式也是肿瘤致病因素。吸烟这一行为是广为人知的致癌因素，与30%的癌症发生有关，如食管癌、肺癌等。烟草中的焦油含有多种致癌物，如多环芳香烃和亚硝胺等，附着在咽喉、肺等部位的焦油的长期刺激可诱发上皮细胞发生癌变。所以若家人抽烟，应当予以劝诫。

食物不仅是人体所必需的营养成分，同时也与致癌和抗癌有关。研究表明，近三成的肿瘤可以通过膳食来预防。适当的节食可以有效降低患癌的风险。乳腺癌、结肠癌和子宫内膜癌等与动物性脂肪的摄入密切相关。高碳水化合物也是胃癌发生的主要诱因。因此我们应多吃高纤维蔬菜和水果，减少脂肪的摄入。

你知道医生是怎样诊断病症的吗?

诊断过程包括全面系统地询问病史以了解病情，结合患者的临床表现、体格检查、影像学检查、细胞/病理学检查，最后再进行诊断。细胞/病理学检查确定肿瘤的性质和发展程度，决定对肿瘤的最后诊断。

询问病史、了解病情：同其他疾病一样，询问病史和体格检查是肿瘤诊断的最基本手段。病史询问包括现病史，如身份、年龄和主要症状的描述以及病情的发展。

实验室检查：对送到实验室的样品进行物理或化学实验，可提供重要的客观诊断依据。实验室检查项目包括血常规、尿常规、便常规、血电解质及血糖等。

内窥镜检查：对于深层肿瘤尤其是消化道肿瘤，需要借助内窥镜来检查。这样可以直接观察到脏器的病变，确定病变的部位、范围，并进行照相及活检等。

影像学检查：X射线成像检查基于其穿透性、荧光性和感光性特点，以及人体组织密度和厚度的差异，在荧光屏上形成明暗或者黑白对比不同的影像。X射线透视主要用于胸部疾病的筛查和常规体检；X平片可用于胸部先天性畸形、结核、炎症、创伤和肿瘤等的检查。

细胞/病理学检查：指针对患者病变部位自然脱落、刮取和穿刺抽取的细胞进行涂片和病理学形态检查，为临床诊断提供参考性依据。

你知道有哪些方法可以治疗癌症吗？

确定好肿瘤的病理诊断和临床分期后，就可以制订合理的治疗方案，并合理选择手术方式，以开展肿瘤治疗。治疗方式包括肿瘤外科治疗、化学药物治疗（化疗）、放射治疗（放疗）和生物靶向治疗。

外科治疗：采用外科手术切除的方法治疗良性和恶性肿瘤。早在3000年前，埃及就出现过手术治疗肿瘤的记载。但早期的手术缺乏麻醉剂，患者十分痛苦且抗生素的缺乏会导致术后感染问题严重。发展至今，激光手术、冷冻手术、内窥镜微创等技术的革新已经让肿瘤外科治疗成为肿瘤治疗不可替代的有效治疗手段。约有60%的肿瘤治疗是以外科手术切除为主，辅助以放疗或者化疗。

化学药物治疗（化疗）：前面我们提到过，化疗最早可以追溯至20世纪40年代，美国医生采用氮芥治疗淋巴瘤患者，并且取得好的效果。而后氨甲蝶呤被广泛用于治疗儿童急性淋巴瘤，5-氟尿嘧啶的合成将化疗的应用进一

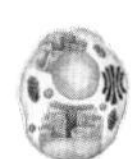

步推进。化学药物治疗可以辅助放疗或手术治疗，术后的治疗可以有效控制微小病灶，提高肿瘤的治愈率，延长患者的生存期。

放射治疗（放疗）：放射治疗是治疗恶性肿瘤的主要手段之一，约70%的肿瘤患者需要不同程度地接受放疗，以达到缓解、治愈肿瘤的目的。早在1922年，科学家库塔尔等使用放疗治疗喉癌取得成功后，放疗逐步应用在恶性肿瘤的治疗中。X射线是最常用的放疗射线，主要集中在皮肤和皮下组织。

生物靶向治疗：尽管外科手术切除、放疗和化疗等手段可以治疗大多数肿瘤，但由于放疗射线和化疗药物往往对肿瘤细胞和正常细胞缺乏选择特异性，杀死肿瘤细胞的同时也会杀死正常细胞。这无疑限制了它们的疗效，副作用和并发症也会随之而来，如脱发、牙齿松动、免疫力低下、皮肤溃烂、放射性肝损伤、肺损伤等。现如今，精准医疗的提出更进一步促使科学家和医护人员对生物靶向治疗肿瘤投入更大的精力。

靶向治疗是指将靶向药物与对肿瘤的形成和发展有影响的蛋白质结合并抑制它们的活性，减缓肿瘤的增殖和转移，达到治疗的目的。近20年来，靶向药物的研究主要集中在肿瘤细胞的分裂、分化、凋亡、浸润和转移等领域，寻找关键蛋白质作为靶点，开发针对靶点的新药物。目前已被批准使用的靶向药物主要为单克隆抗体类药物和小分子药物。

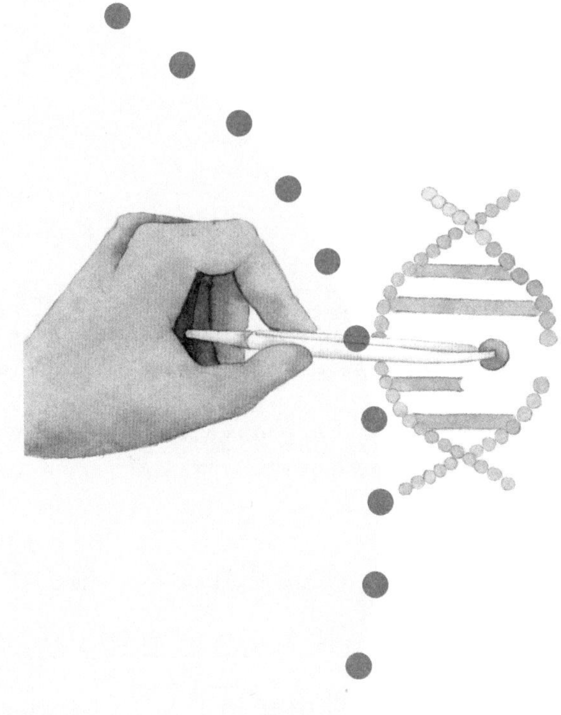

第六章 基因与心血管疾病

刘文娟 刘杰

心血管疾病是包括高血压、冠心病、心肌病、心律失常和心力衰竭在内的一类疾病。这种疾病在全球引起了广泛的关注。每年因为患这种疾病而死亡的人数在不断上升。如果不采取积极有效的预防和治疗措施，人类的健康生活将会受到很严重的威胁。

高龄、肥胖、不良的生活习惯、特定职业需求、精神及心理压力、遗传和过往病史均有可能成为引发心血管疾病的罪魁祸首，而其中遗传因素在发病过程中起到了很大的作用，如果家族里有人得过该病，那么家族的其他人患该病的概率会大大提高。

遗传是指亲子之间以及子代之间性状存在的相似性，就如“妈妈是单眼皮，儿子也是单眼皮”这种现象。基因这种物质就是形成这种现象的遗传信息的载体。由于遗传信息不同，个人发病的情况也不同。在以前，人们很难想象基因会跟心血管病挂上钩，但随着科学的发展，这种基因与心血管

病的联系被更多的人所接受。一般的由基因因素引起的心血管病，是因为基因在某些特定情况下发生了改变（基因突变）而导致心脏结构或功能的改变，从而引起疾病。另外，这种疾病隐匿性极强，有时要经过几年甚至几十年才出现明显的症状，就像一个藏身于黑暗的刺客，没人知道他几时出现，又会以什么样的方式出现。以往没有能在潜伏期诊断出心血管病的方法，而人发病时又异常凶险，如猝死，所以该疾病曾一度被认为是不治之症。后来科学和基因技术不断发展，该疾病的诊治变得精确。对于家族中有该疾病先例的人，应该做好基因的检测与预防，通过改变生活习惯和定期的体检来避免或延缓心血管疾病的发生。接下来我们介绍一些与基因有关的心血管疾病。

原发性高血压

我们都知道人的身体中遍布着血管，而血液就像河流一样在血管中流淌着，血液运输着我们组成人体的细胞所需要的各种物质，血压便是血液流动时产生的压力。当这种压力超出一定限度时，人就会感到不舒服，这就是高血压。

原发性高血压指血压升高并且可能伴有心血管危险的综合征。

在以往的研究中，专家学者们都认为基因存在于细胞核中，但随着人们对细胞微结构的深入了解，基因也被发现存在于线粒体等细胞结构中。现在已有研究结果表明，线粒体基因的突变也可能在原发性高血压的发病过程中发挥作用。除此之外，目前原发性高血压还被认为是一种多种基因参与的遗传性疾病，现在科学家们还在确定这些基因的位置。

> 细胞核和线粒体都是组成细胞的结构。

心脏是让血液能够循环流动的“泵”，在心脏里面，有四个小房间，它们分别是左心房、右心房、左心室和右心室。

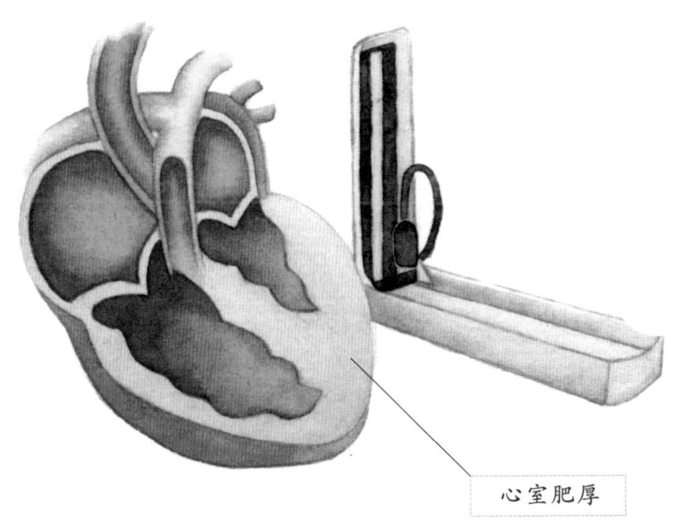

说起血压，一般都会和心脏挂钩，原发性高血压就是基因突变引起左心室肥厚，进而影响“泵”的正常运转，所以血压才会呈现上升的趋势。

总结一下，原发性高血压与多个基因有关，有关的基因通过使左心室肥厚来让血压升高。

心律失常

我们先介绍一个结构——窦房结，它存在于心脏中，富含儿茶酚胺（一种化学物质），这个结构能有规律地产生电流并将其传送到心脏各个部位，从而引起心脏有规律的跳动。

心律，即心脏跳动的节律，意思是心脏的跳动规则。而心律失常就是指心脏跳动的节律发生了异常，比如有些人的心率（心脏每分钟跳动的次数）突然加快，有些人的心率突然变得很慢，还有些人的心率时而快时而慢。那心律失常是由什么引起的呢？没错，心律失常即与窦房结有关，窦房结产生电流的功能发生异常或者电流传导缓慢、经过异常通道传导都会导致心律失常。

心律失常是心血管疾病中重要的一类疾病。它可单独发病，也可能伴发于其他心血管疾病。长时间的心律失常累积作用可能会导致心脏衰竭，突发心律失常可能会导致猝死。现有的药物对心律失常效果欠佳且副作用大，所以，深入了解心律失常的发生发展机制，制订更为有效和安全的抗心律失常治疗方案具有非常重要的意义。

原发性心肌病

原发性心肌病是指与心肌舒缩功能障碍相关的一类心肌疾病，包括扩张型心肌病、肥厚型心肌病等，其中，扩张型心肌病和肥厚型心肌病是原发性心肌病中最常见的两种类型。

随着对家族性扩张型心肌病和家族性肥厚型心肌病患者的深入研究，以及分子生物学技术和分子遗传学技术的迅猛发展，遗传因素在扩张型心肌病和肥厚型心肌病发病中的作用日益受到重视，科学家相继确定了一系列致病基因及突变。

扩张型心肌病以左心室、右心室的扩大和收缩功能障碍等为特征，通常以二维超声心动图为诊断依据，X 线光片等也有助于诊断。扩张型心肌病患病人群中有 30%—50% 有基因突变和家族遗传背景，呈现家族性发病趋势。不同的基因产生突变和同一基因的不同突变都可以引起扩张型心肌病。有些患者表现为单纯扩张型心肌病；有些还伴有心脏传导阻滞、骨骼肌病、神经系统疾病、糖尿病、乳酸性酸中毒、听力减退、色素性视网膜炎等症状。

到目前为止，针对扩张型心肌病和肥厚型心肌病，科学家已分别确定了 23 种和 13 种致病基因，其中 10 种为两者共有。这些突变也存在于包括线粒体在内的多个细胞器。突变基因的检测将有利于扩张型心肌病的早期诊断、早期预防及特定基因个性化治疗。

预防与治疗

我们之前已介绍过“基因”，现在我们再来复习一下基因的结构。基因是具有遗传效应的DNA片段，而DNA结构中存在一种叫碱基对的物质，这种物质可以有许许多多的排列组合，不同的组合记录着不同的遗传信息。如今人类对基因的了解已经进入了分子层面，这对遗传性疾病的预防与治疗有着重大作用。

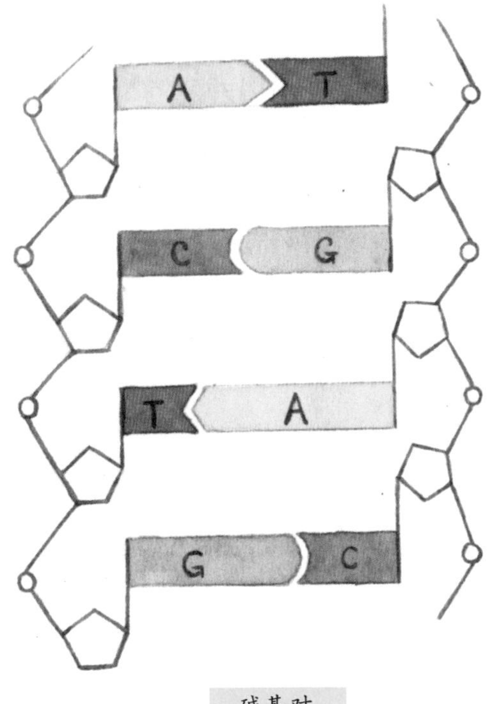

A: 腺嘌呤
T: 胸腺嘧啶
C: 胞嘧啶
G: 鸟嘌呤

碱基对

随着分子遗传学技术及基因测序技术的发展，目前已有上百个心血管疾病相关基因被检测出来，一些功能基因的突变对心血管疾病的发生有很大影响，甚至与其直接相关。随着研究的深入，越来越多的遗传因子被发现与遗传性心血管疾病有关。一些先进的生物技术在疾病基因筛查、定位上发挥了巨大的作用。现在已经有很多医院可以开展遗传性疾病，包括遗传性心血管疾病在内的基因筛查，通过精确的分子诊断在患者出现病症之前来确定患病的风险性，从而为遗传性心血管疾病的早期诊断、筛查、预防和治疗提供参考。

基因治疗是将缺陷基因或具有治疗作用的基因通过一定方式导入人体细胞，以纠正基因的缺陷或者发挥治疗作用，从而达到治疗疾病的目的。它是随着DNA重组、基因克隆和基因编辑等技术的成熟而发展起来的，以改变人的遗传物

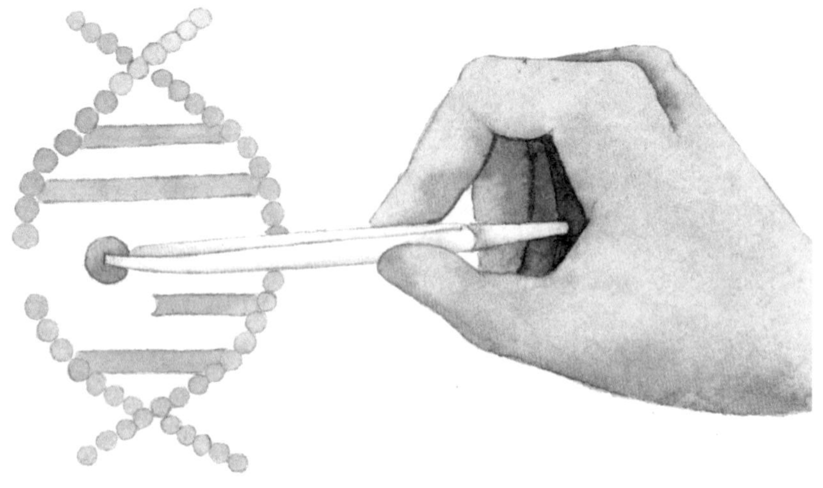

质为基础的、具有革命性、跨时代的生物医学治疗技术之一。基因治疗在遗传性心血管疾病治疗中具有广阔的发展前景，但在基因治疗过程中存在诸多问题，还需要科研人员在这个领域继续开拓。

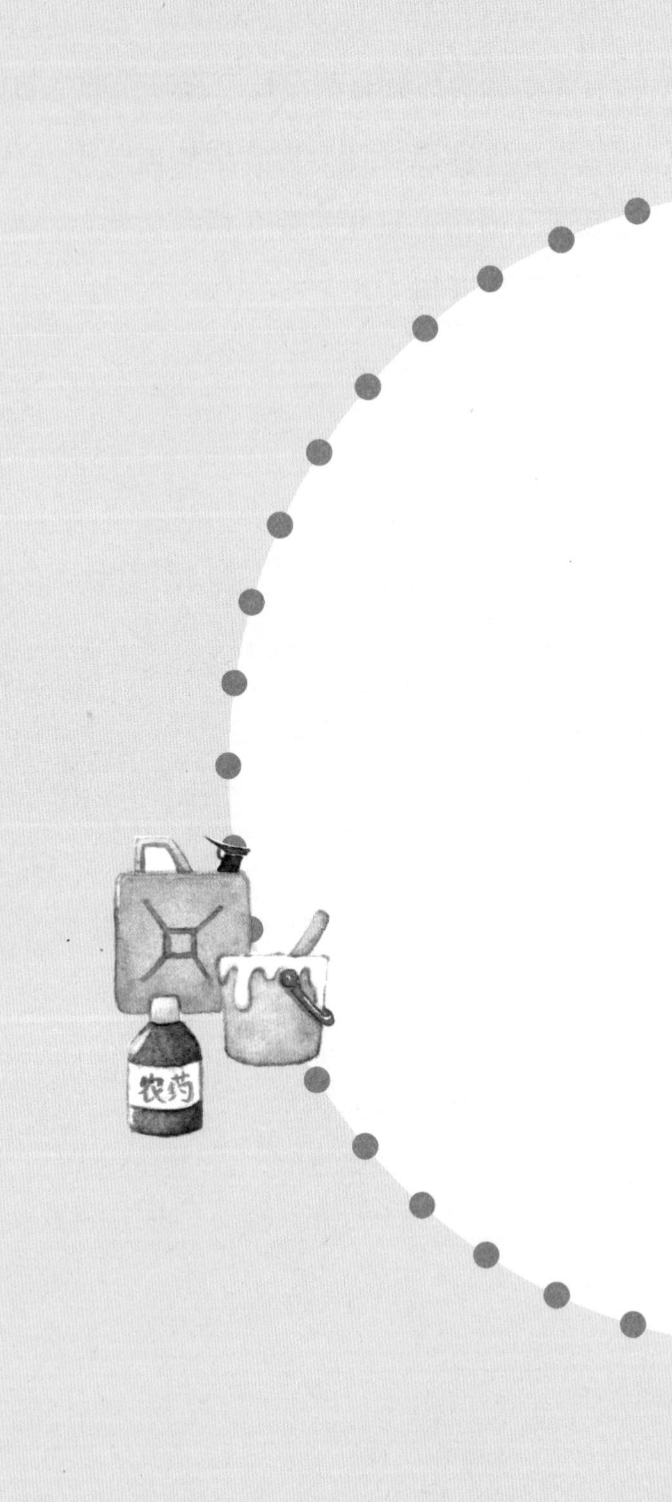
农药

第七章 基因与健康宝宝

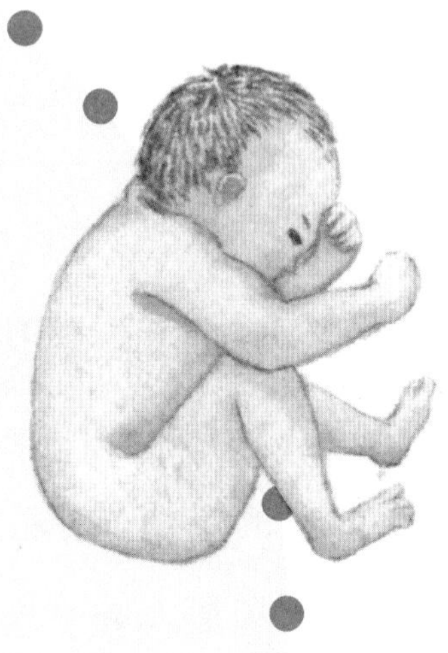

余加林 宋超 刘东 陈风云

繁衍新生命，是人类这一物种在自然进化中得以延续的保障。对于一些民族而言，孩子呱呱坠地的那一刻，才象征着新生命的诞生，事实上，在降生的数月前，精子和卵子相遇的时候，强大的基因便开始了一场造人的“旅程”。从受精卵到胚胎，从一个细胞到一个完整的人，人类的基因似乎被编上了程序，严格按不同时间、空间顺序表达，不容出现丝毫错误。本章内容将还原受精卵逐渐发育成为健康宝宝的精彩过程，从生物学的角度，展现生命的完美和神奇。

生命的“子宫之旅”

健康宝宝在出生前需要在妈妈的子宫内完成整个发育过程，这个过程分为胚芽期、胚胎期、胎儿期。人们常说“十月怀胎，一朝分娩”，子宫是孕育人生命最初的场所，从受精卵发育成可以娩出的健康成熟的宝宝总共需要40周时间，按照一个月有4周计算，就是整整十个月，这个过程被称为“妊娠”。妊娠10周内的人胚被称为胚胎，此时处于器官分化、形成的时期；自妊娠11周（受精第9周）起，被称为胎儿，进入生长、成熟的时期。

胚芽期（妊娠0—2周）

生命起源于受精卵。男性的精子和女性的卵细胞于输卵管结合，形成受精卵。在输卵管表面有类似扫把一样的结构——纤毛，正是这种特殊的“扫把”结构，使受精卵形成后被扫向子宫。抵达子宫腔后，受精卵会种植于子宫内膜，这个过程被形象地称为“受精卵着床”。受精卵形成并着床是胚胎早期发育的两个重要过程，就像种子埋到土里一样。

胚芽期（0—2周）

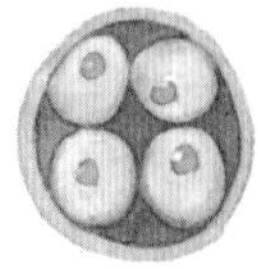

受精卵（1周）

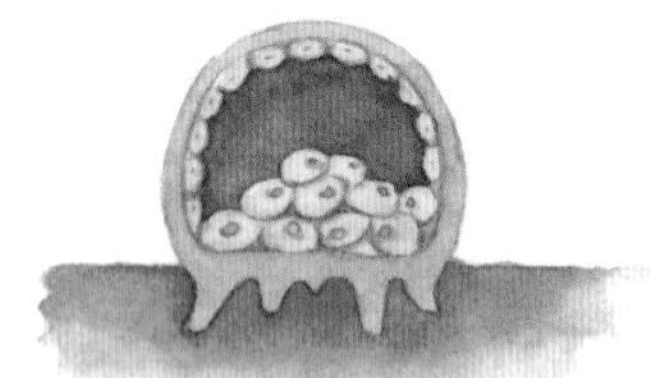

胚囊（2周）

胚胎期（3—10周）

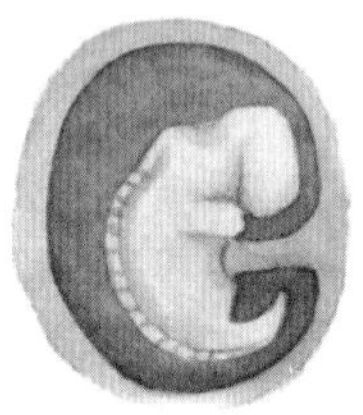

3周

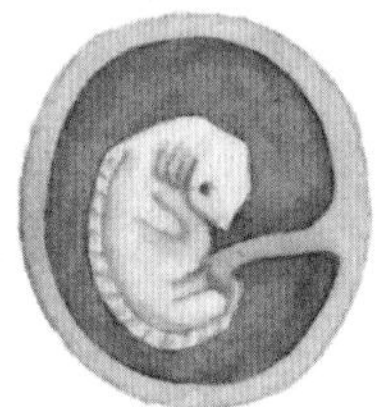

5周

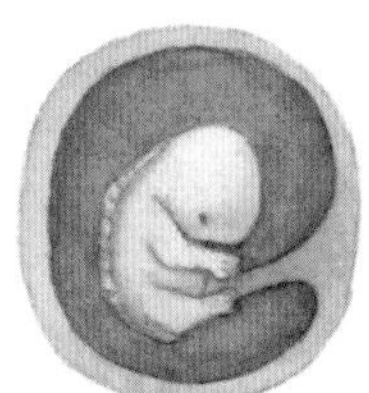

7周

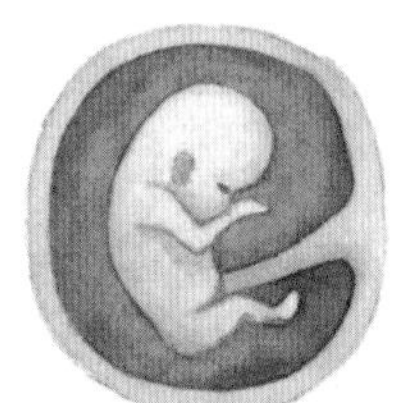

9周

胎儿期（11—40周）

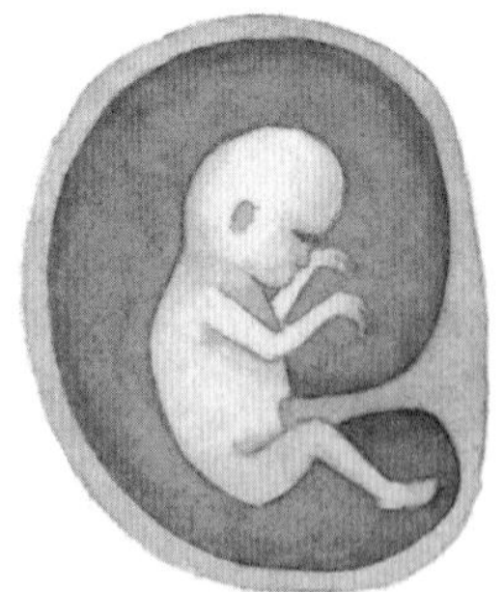

16周

20—36周

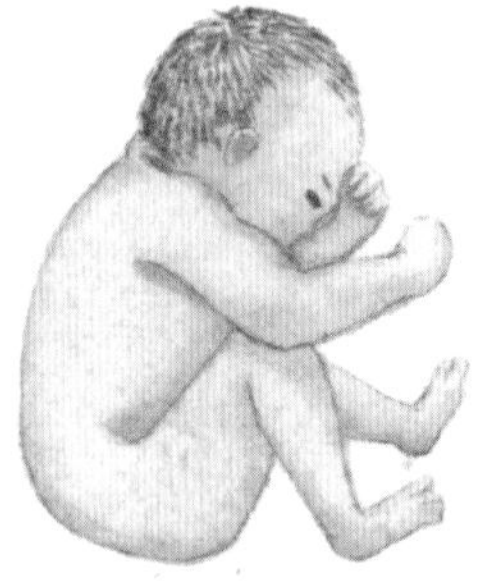

足月

这个阶段，生物的、化学的、物理的等各种有害的因素，都可能干扰受精卵着床，这些有害因素对胚胎的影响，经常表现为“全或无”，也就是要么没影响，要么直接导致胚胎死亡，也就是通常所说的“流产”，仅有少数出生缺陷可能发生，如孕妇在妊娠第 1 周出现缺氧，胎儿可能出现眼发育缺陷。

有些男女不孕不育也和基因相关。部分患有原发性纤毛运动障碍（PCD）的男性，精子虽然存活，却因精子上的鞭毛运动障碍，无法“游向”卵子，更无法顺利抵达和卵子“相遇”的地方。同样的，患有 PCD 的部分女性，有可能由于输卵管上皮纤毛摆动异常，也就是输卵管表面的“扫把”结构异常，无法将受精卵“扫”至子宫，进而在不该发育的地方开始发育，医学上称之为“异位妊娠”，也就是常说的“宫外孕”。PCD 也被认为和基因有关，目前有 33 个已知基因突变可导致 PCD 的发生。

胚胎期（妊娠 3—10 周）

胚胎期是人体主要器官形成的时期，5 周的时候胚胎像一只小蝌蚪，6 周时如豌豆大小，7 周时大约有一颗桑葚那么大，9 到 10 周时如金橘大小，从头到臀的长度超过 2.5 厘米，胚胎重量不到 7 克，但已完成了胚胎发育过程中最关键的部分。

这个阶段的胚胎分成三个胚层，分别是外胚层、中胚层和内胚层。三个胚层会渐渐发育成不同的器官。神经管是外胚层分化而来，将来会发育成大脑、脊髓、神经等。外胚层还将分化发育为皮肤、头发、指甲、乳腺、汗腺等。中胚层分化形成心脏及循环系统、肌肉、软骨、骨骼和皮下组织等。内胚层将生长发育为肺、肠道、早期泌尿系统以及甲状腺、肝脏和胰腺等。该阶段身体基本结构已经形成，胚胎也初具人形，能分辨出眼、耳、鼻、口、手指及足趾，但是头很大，占整个胎体近一半。在这个阶段，胚胎看起来还有一个小尾巴（尾骨的延伸），它将会在几周后消失。

这时候的胚胎最为脆弱，特别容易受到影响其生长发育因素的干扰，如营养缺乏可能会影响相关基因从而引起胚胎畸形。叶酸是一种维生素，因绿叶中含量十分丰富而得名，如果孕妇体内叶酸浓度降低，可能会导致DNA合成障碍。我国孕妇孕期叶酸摄入普遍缺乏，因此我国也是神经管畸形的高发国家之一。

现在还认为，母亲孕期主动或被动吸烟、饮酒等，均与宝宝畸形有关。唇腭裂宝宝被称为“兔唇”宝宝，这类宝宝嘴唇或者上颚发育不完全，会影响美观，也可能影响宝宝的吞咽功能。目前认为，孕妇在孕期吸烟可能会增加“兔唇”宝宝的发生率，这一结果也可能是通过影响某些基因实现的。

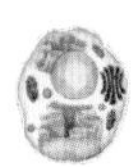

胎儿期（妊娠 11—40 周）

胚胎期之后，进入胎儿期，新生命仍会继续发育。

我们通常将 14 周之前称为妊娠早期。在 13 周时，孕妇肚子很快会变得明显起来，但胎儿还很小，差不多相当于一只大虾的大小。虽然这么小，但是胎儿的脸也具有人形了，长在头部两侧的眼睛距离拉近并移到脸部，耳朵也已经到达最终的位置，而且胎儿的身材比几周前更匀称，头大概只占身体的三分之一。

14 周至 29 周末是妊娠中期，这是孕期的一个重要阶段，其结束标志着胎儿的关键发育时期的结束，胎儿身体的所有基本构造（包括内部的和外部的）都已经形成了——尽管它们仍然非常小。14 周时的胎儿只相当于一个柠檬的大小，但是当 29 周时胎儿长约为 38 厘米，大概重 1.1 千克。由于发育速度极快，胎儿的营养需求在这三个月达到了顶峰。为了保证孕妇和胎儿都能够获得全面的营养，孕妇需要补充大量的蛋白质、维生素 C、叶酸、铁及钙。在这个阶段，胎儿的身体部分开始生长得比头部快，支撑头部的脖颈也逐渐清晰、明显。胎儿开始长出非常细小的、覆盖全身的绒毛，被称为胎毛。胎儿像橡胶一样的软骨开始硬化为骨骼。新生儿共有 300 块骨头（骨骼和软骨的总数），随着婴儿的不断成长，一些骨头会硬化并融合到一起，长到成人时，只剩下 206 块。

胎儿的脂肪也在迅速累积，胎儿需要脂肪来帮助他适应离开子宫后外界更低的温度，并提供出生后头几天的能量和热量。这个阶段即将结束时，胎儿可以睁开双眼，如果子宫外有长时间的亮光，胎儿会把头转向光束，胎儿的睫毛也已经完全长出来了，并且形成了有规律的睡眠周期。这个阶段也是胎儿感官发育的关键时期：胎儿的大脑开始划分出嗅觉、味觉、听觉、视觉和触觉的专门区域。

30 周开始进入妊娠晚期，由于脂肪的增多，胎儿的皮肤不再那么红红的、皱皱的，覆盖胎儿全身的绒毛和在羊水中保护胎儿皮肤的胎脂也逐渐脱落，胎儿会吞咽这些脱落的物质和其他分泌物，将它们积聚在肠道里，直到出生，与肝脏分泌出来的胆汁一道形成一种墨绿色的混合物——胎粪。在这个阶段，胎儿的手指甲和脚指甲也会完全长出来。大部分骨头都在变硬，但是头骨还比较软，没有完全闭合，一直到胎儿出生都会保持这种状况，这是为了帮助胎儿顺利地通过相对狭窄的产道。胎儿的肾脏已经完全发育，肝脏也能够代谢一些废物了，肺也逐渐发育成熟，中枢神经系统也正在发育。37 周时胎儿已经发育完全。在 37—42 周出生的新生儿即为足月儿，在 37 周前出生的新生儿为早产儿，在 42 周后出生的新生儿为过期产儿。

37 周后若仍未分娩，胎儿会继续生长发育，40 周时平均体重是3千克多一点，平均身长在50厘米左右。41周时若仍无生产迹象，考虑到胎儿和母体的健康，医生会建议助产，或者如果出现其他问题，医生也会决定帮助其分娩。在第42周或更晚时间出生的新生儿，他们的皮肤可能会像羊皮纸一样干燥，而且通常都超重，过期产对母婴都可能造成不良影响。

至此，我们已经将从受精卵逐渐发育为成熟新生儿的全过程梳理了一遍，如此精密的设计都来源于基因精确的调控，感叹造物主伟大的同时，科学家们也在探索着新生命诞生背后的机制。

胚胎发育的基因密码

健康胚胎的生成和胎儿的正常发育有赖于基因选择性的表达和表观遗传的作用。接下来，我们就谈谈基因选择性表达和表观遗传。

人体除了生殖细胞，其他细胞都有着同样的基因，但为什么鼻子长成了鼻子？眼睛长成了眼睛？人体的细胞并不会将所有的基因都进行表达，而是根据功能需求进行精确的选择性表达，也就是说鼻子这个部位不会表达出视觉功能，眼睛这个部位也不会表达出嗅觉功能。基因选择性表达的结果是细胞分化，细胞分化是胚胎发育的基础，是个体发育过程中与细胞增殖同样重要的一种生物现象。

细胞增殖是细胞数量上的增加，人的长高长大首先依赖的是数量上的积累，我们之所以能从一个受精卵变成一个人，除了在细胞数量上的增加，更重要的还在于细胞功能上的分化，让我们从一个细胞变成了一个有鼻子有眼、有胳膊有腿、有内脏有大脑的各个器官系统完美协调的人。

基因对胚胎发育有着重要作用，但作用机制尚不明确，还处于研究阶段。我们以心脏的发生和早期发育为例来介绍一下。

心脏是空腔结构，其中有相对独立的左心室、左心房、右心室、右心房四个腔室，心脏的发生和早期发育是一个极其复杂的连续过程，涉及多种基因在不同时空的依次精确表达，经历了心脏细胞特化、心管发生、心脏环化和心脏发育成熟几个阶段，虽然每个心腔直到心脏环化后才变得形态上可区别，但其细胞命运可能很早就程序化了。

心脏细胞特化是指中胚层细胞受邻近组织发出的“命令”信号，被诱导向心脏发生细胞系方向分化，这些信号可能通过诱导与心脏发生有关的转录因子基因的表达而发挥作用。心脏细胞特化后不久即迁移聚集，形成线形心管，心管的发生主要受*GATA*家族、*MESP*家族等基因的调节。心脏环化指在原始的、对称的直管心脏转化为非对称性的环化心脏的过程中发生一系列方位和形态的改变，这一过程对心室定位、心腔和脉管的正确分布非常必要。心脏环化也与基因调控有关，但目前控制心脏环化的确切分子机制还不清楚。线形心管沿着前后轴呈节段性模式化分化为主动脉囊、圆锥动脉干、右心室、左心室和心房的前体，每个心腔在形态、收缩特性及基因表达模式上不同，这可能涉及心脏特异性和非特异性转录因子的组合编码，相关

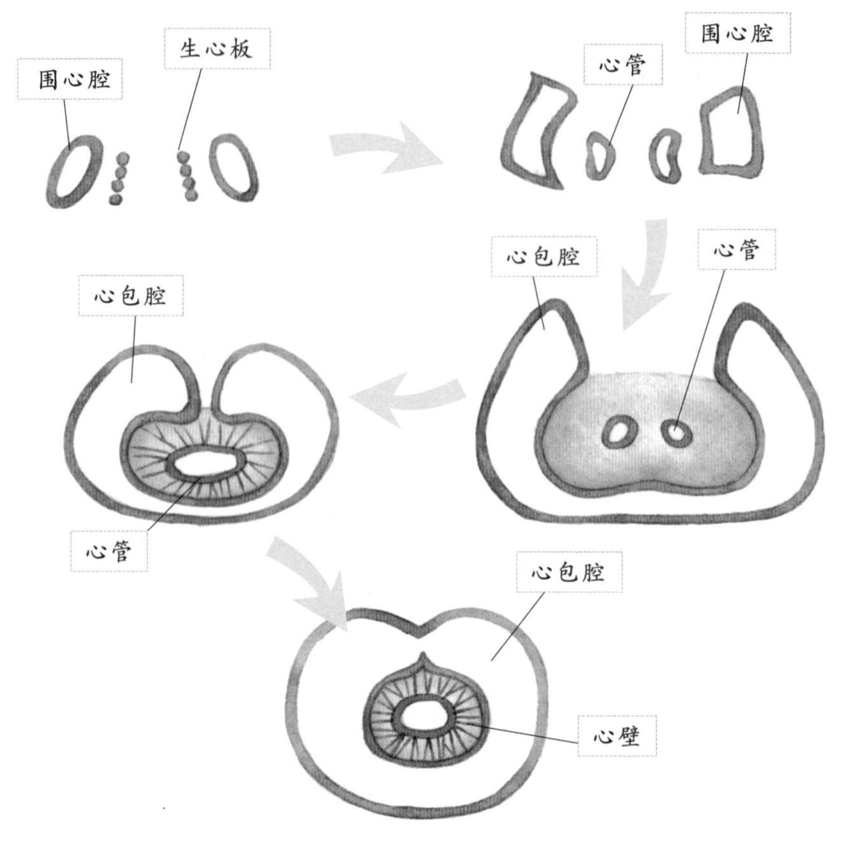

基因的表达和调控机制也在等着科学家们继续研究探索。

总之，我们借由本部分内容，初步向大家全景式呈现了胚胎发育的过程。健康宝宝的出生实在要经历太多环节，每个环节都不可或缺，也都至关重要。胚胎发育本质上是以细胞分化为基础的细胞形态改变的过程，表现为由受精卵经历胚胎期和胎儿期分化为不同的组织器官，从而产生不同的结构与生理机能。胚胎发育是基因选择性地按一定的时空顺序模式表达的过程，是遗传和表观遗传的统一体，表观遗传变化调控着基因的选择性表达。

如果胚胎在发育过程中，受到不良环境因素的影响，胚胎基因表达调控出现异常，则可能影响宝宝健康，有健康缺陷的孩子出生风险会明显增加，本章后续将为大家呈现相关内容。

表观遗传是近年来科学家们非常关注的现象，人类基因的本质是具有遗传效应的DNA片段。然而，人体内一些非DNA序列转录因子也至关重要，如DNA甲基化、组蛋白修饰、非编码调控RNA和染色质重塑等，这些非DNA的遗传信息对基因的表达起着重要的调控作用。如果说，基因直接决定胚胎发育，那么表观遗传则在协调或者指挥着胚胎怎么发育，朝着哪个方向发育。所以，在胚胎发育过程中，细胞基因的表达起决定作用，并受内外环境因素的影响，而表观遗传网络作为整合细胞内外环境因素与基因组遗传信息的媒介，调控着基因表达。

参考文献：

[1] 谢幸，苟文丽．妇产科学[M].8版．北京：人民卫生出版社，2014:28-36.

[2] 邹仲之，李继承．组织学与胚胎学[M].7版．北京：人民卫生出版社，2008:251-261.

[3] 左伋．医学遗传学[M].5版．北京：人民卫生出版

社，2008:12–22.

[4] 刘厚奇．医学发育生物学 [M].4 版．北京：科学出版社，2018:215–229.

[5] 姚琳．人类多能干细胞在神经管畸形发生及预防机制研究中的应用 [D]. 上海：第二军医大学，2013.

[6] 中华医学会儿科学分会呼吸学组疑难少见病协作组．儿童原发性纤毛运动障碍诊断与治疗专家共识 [J]. 中华实用儿科临床杂志，2018,33(2):94–99.

[7] Shi M., Wehby G. L., Murray J. C. Review on genetic variants and maternal smoking in the etiology of oral clefts and other birth defects [J]. Birth Defects Research Part C Embryo Today Reviews, 2008,84(1):16.

[8] Ferencz C. Origin of congenital heart disease: reflections on Maude Abbott's work [J].The Canadian Journal of Cardiology, 1989,5(1):4–9.

★在这一小节中，我们保留了文末的参考文献。在学术研究中，我们会将已有研究作为依据来证明自己的观点。文末的“参考文献”便是作者所参阅的学术研究资料，将其列出以表其出处，以表对其他学者的研究成果的尊重，也是学术研究的一项规范。

基因异常是造成出生缺陷的元凶

小朋友们，如果你们的妈妈为你们怀了小弟弟或小妹妹，你会很开心吧？但是很多父母难免会担心，未来的小弟弟或小妹妹会不会与正常孩子不一样？

这些出生后的“不一样”在医学上叫“出生缺陷”，又称“先天性畸形”，是指婴儿出生前发生的身体结构的畸形，包括整个身体任何一部分的外形或者内脏的结构畸形或发育异常，常见的有唇腭裂、先天性心脏病等。广义上讲，除了出生时的各种结构畸形外，功能缺陷、代谢及行为发育异常也都属于出生缺陷，如地中海贫血、蚕豆病（医学上叫葡萄糖-6-磷酸脱氢酶缺乏症，即进食蚕豆或氧化药物等后会引起严重溶血，全身发黄，危及生命）、白化病（出生后毛发及皮肤呈现白色）等。

世界卫生组织有过统计，全世界出生缺陷发生率与国家经济水平有关：低收入国家为6.42%（即每100个孩子中有6个多出生时被发现异常），中等收入国家为5.57%，高收入国家为4.72%。可见国家的经济越落后，出生的缺陷儿越

多。我国属于中等收入国家，出生缺陷发生率在5.6%左右，每年新增出生缺陷儿童约90万个，这中间出生时具有临床明显可见缺陷的儿童就有25万个之多。

有出生缺陷的孩子是很不幸的，出生缺陷会严重影响儿童的生存和生活质量，这些孩子需要医学矫正畸形、特殊的照顾或特殊的食品。出生缺陷已经是影响人口素质和群体健康水平的公共卫生问题。据统计，近20年来，由于环境污染以及基因的变异因素，新生儿出生有缺陷者的发病率有逐渐增高的趋势。

出生缺陷的原因有哪些呢？遗传因素（染色体畸变、基因突变等）和环境因素是已知的两大主要原因。其中环境因素约占10%，遗传因素约占25%，环境因素与遗传因素相互作用和原因不明者约占65%。

人类基本特征，包括性别、种族、疾病易感性、性格、爱好等，都是在形成每一个人的原始细胞时就被“写好”了的，这些控制我们基本特征的东西，生物学上叫遗传信息，“写”在我们每一个细胞里的46条染色体上。而基因则是某条染色体控制特定功能的基本单位，或带有遗传信息的DNA片段，它是能够产生一条多肽链或功能RNA所需的全部核苷酸序列，基因控制蛋白质的产生（生物学上叫表达）。基因参与了胚胎发育的全过程。研究发现，部分出生缺陷的发生具有家族倾向，提示这些出生缺陷与遗传因素关系密切。随着基因技术迅速发展，利用全基因组测序（把46条染色体上的核苷酸序列全部测定出来）等方法，人们发现出生缺陷的婴儿存在很多基因的变异。基因变异导致其表达发生改变，进而改变了其调节胚胎发育的众多信号通路，导致出生缺陷的发生。

宝宝健康，环境因素也很重要

环境因素为什么会影响宝宝的健康？

大家一定听说过经典遗传学讲的孟德尔遗传规律，即“中心法则”，人体的遗传信息绝大部分都“写”在细胞核内的脱氧核糖核酸（DNA）分子里，它本身会随着细胞的繁殖而自我复制，在需要表达或者需要发挥功能的时候，通过蛋白质来实现。从DNA到蛋白质，需要先在细胞核内以特定的核苷酸序列（基因）为模板形成核糖核酸（RNA）分子，这个过程叫作“转录”。这个特定的RNA像电报的密码串一样，被从细胞核带到细胞质，但是密码需要翻译才能被看懂，这个特定的RNA需要在细胞质里被翻译成蛋白质，才能发挥其特定的功能。宝宝的性格如何、是否患病、疾病的表现程度等都是通过不同的蛋白质表现出来的。

中心法则

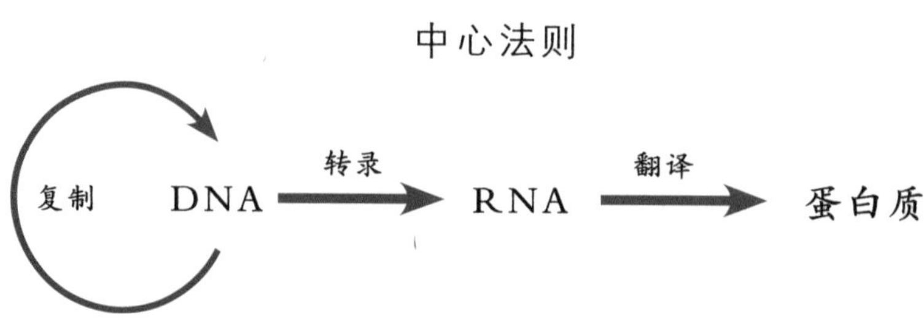

宝宝的基因来自父母，父母的基因如存在某些缺陷将可能遗传给孩子，导致宝宝的基因缺陷，从而影响宝宝的健康。但父母没有明显的基因缺陷，宝宝就一定健康吗？答案是否定的。

基因能否顺利表达出来？

仔细想一想这个中心法则，从 DNA 到 RNA 再到蛋白质，这一系列过程会一帆风顺吗？不一定！这个表达过程中会有众多的干扰等待着。在影响基因表达的众多干扰中，环境因素是最重要的一环。恶劣的环境不仅会直接导致疾病，还能通过影响基因表达，引起身体的多种机能障碍。法国生物学家拉马克在《动物的哲学》中系统地阐述了进化学说（拉马克学说），提出了两个法则：一个是“用进废退”，一个是“获得性遗传”。两者既是变异产生的原因，又是适应性新变异形成的过程。他提出物种是可以变化的，认为生物在新环境的影响下，习性会改变，某些经常使用的器官发达增大，不经常使用的器官逐渐退化，可见“用”就是一种环境因素。物种经过这样不断的加强和适应，逐渐变成新物种，而且这些获得的后天性状可以传给后代，使生物逐渐演变。他从生物与环境的相互关系方面探讨了生物进化的动力。饮食、精神压力等环境因素都可以导致宝宝表现出发生改变的结果，并能遗传给后代。

在日常生活中，我们常常遇到双胞胎，有同卵双生、异卵双生的区别。同卵双生的双胞胎孩子，其核苷酸序列（基因）当然是完全一样的，这使得他（她）们拥有相同性别、样貌、甚至指纹等。但是在他（她）们的生活中，熟悉的人通常可以顺利地区分这些孩子，他（她）们的性格、习惯甚至体质上都有所差异，比如有的内向文静，有的外向活泼。动物界也有相似的现象：昆虫学家发现，蜂王与工蜂拥有相同的基因组，但是早期发育过程中的营养供给不同使其表型发生了改变。给幼虫饲喂蜂王浆则其发育为蜂王，蜂王具有繁衍后代的能力并且体形更大、寿命更长，而被饲喂花粉的幼虫则发育为工蜂，工蜂则负责外出觅食、泌浆、清巢和保巢攻敌等工作。这些现象表明除了核苷酸序列（基

喂食花粉、花蜜

喂食蜂王浆

蜂王

因）以外，还有其他因素在控制机体的表现。这些现象可以用新的概念来解释。

在 1942 年，瓦丁顿首次提出了“表观遗传学”一词，并指出表观遗传与孟德尔遗传是相对的，其主要研究基因型（符合孟德尔中心法则的表现）和表型（实际表现）的关系。几十年后，霍利迪提出了更新的系统性论断，即现在大家都认可的表观遗传学。用表观遗传学可以解释上述那些基因相同而表现不同的现象。

表观遗传学是怎么回事呢？

表观遗传学就是研究在核苷酸序列（即基因）不变的情况下，基因的表达却发生了变化，并可遗传下去的一门遗传学分支学科。表观遗传的方式很多，已知的有 DNA 甲基化、基因组印记、母体效应、基因沉默、核仁显性、休眠转座子激活和 RNA 编辑等。

除了 DNA 和 RNA 序列以外，还有许多调控基因的信息，它们虽然本身不改变基因的序列，但是可以通过基因修饰，使蛋白质与蛋白质、DNA 和其他分子的相互作用影响和调节遗传基因的功能和特性，并且通过细胞分裂和增殖影响其生物结构和功能。环境因素通过影响 DNA 甲基化水平、组蛋白共价修饰等进而影响基因表达，从而使生物的表型发生变化。这就是我们所说的环境因素通过基因影响宝宝的健康。

宝宝的哪些疾病可能是环境因素造成的?

儿童肿瘤: 对于儿童肿瘤性疾病，大量国内外研究提示，大部分儿童肿瘤发生很可能不是肿瘤发现阶段暴露于某些致癌性环境因素所造成的，而是与这些危险因素的出生前宫内暴露有着密切的联系。如母孕期和儿童接触射线、电离辐射、香烟烟雾等环境危险因素，与儿童发生肿瘤（如儿童白血病等）密切相关。还有研究表明，儿童有柴油、汽油、机油、油漆、农药、杀虫剂等接触史与母亲孕前或孕期有化学物质接触史可能与基因发生甲基化改变存在一定程度的交互作用，且相比于母亲，儿童接触化学物质与基因甲基化改变具有更强的关联性。

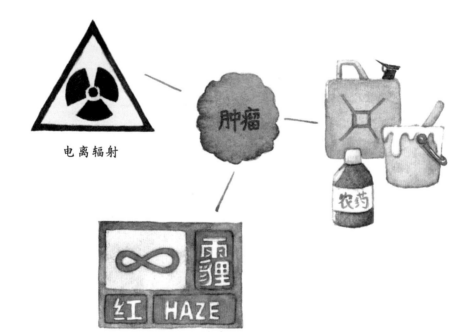

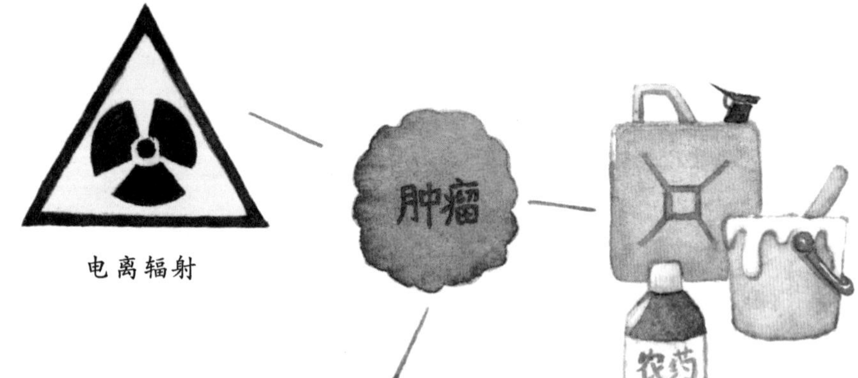

还有哪些儿童的健康问题是环境因素导致的?

如肥胖，现已经成为被广泛关注的世界性健康问题之一。肥胖及其并发症的发生发展，与易感基因、运动减少、食物摄入过多等因素密切相关。研究表明环境因素能够影响肥胖基因的表型，进而调节肥胖基因的表达来影响肥胖的发展。脂肪组织中的表观遗传机制也参与肥胖的发生。就此，我们可以利用环境因素和表观遗传原理制订个体化减肥方案。

又如儿童青少年双相障碍，此病是指儿童和青少年既有躁狂发作又有抑郁发作的一类疾病，与遗传因素和环境因素紧密相关。丹麦的一项双生子研究发现，同卵双胞胎的双相障碍的同病率是67%,异卵双生子的同病率为20%,双相障碍的遗传度只有59%。有学者认为神经系统中的基因受表观遗传机制调节,通过有丝分裂延续。

可以通过改变环境来避免遗传病的不良后果吗?

答案当然是可以！患有部分遗传病的宝宝在刚刚出生时不会表现出异常，随着宝宝一天天长大，体内的有害物质逐渐积聚，达到一定的量就会损伤机体，表现出异常。医生们可以通过改变环境，主要在饮食中避免或者回避某些食物成分，从而减少或者避免有害物质在体内堆积，恢复宝宝的健康。这类疾病临床上只有在症状出现前早诊断，才能早干预，所以现在我国已经将这类疾病列为新生儿筛查项目，以确保患这类疾病儿童的健康。

比如半乳糖血症是半乳糖代谢中酶缺陷的一种常染色体隐性遗传病，若得不到及时的环境干预，将导致生长迟缓、智能发育落后甚至多种脏器功能障碍和死亡。一旦确诊需对患儿进行饮食干预，患儿应立刻停用乳类（人乳、牛乳、奶粉）和某些含有乳糖的果蔬（如西瓜、西红柿等），改用豆浆、豆乳、米粉等，并辅以维生素、脂肪等营养必需物质。开始控制饮食的时间越早，患儿的预后情况越好。

不利基因可以避免吗?

有统计，我国出生缺陷总发病率约为5.6%，以全国年出生新生儿1600万计算，每年会增加出生缺陷90万例，出生即可见的出生缺陷有25万例之多，且还有上升趋势。出生缺陷是导致婴幼儿死亡和残疾的主要原因，不但严重危害儿童生存和生活质量，影响家庭幸福和谐，也会造成社会负担。

引起出生缺陷的病因很多，其中遗传因素占25%，环境因素占10%，环境与遗传因素共同作用或不明原因占65%。可见遗传因素在出生缺陷中起着重要的作用。

遗传是指父母的一些性状通过繁殖传递给后代，从而使后代获得父母的遗传信息。起到携带或传递遗传信息作用的物质叫基因，它控制着生物包括人类的主要性状。基因是一种特殊的DNA片段，位于染色体上，这些染色体一半由妈妈遗传而来，一半由爸爸遗传而来。如果宝宝有遗传疾病家族史，家长一定会担心宝宝会有出生缺陷，不要着急，现代科学是有办法避免的。如何避免不利基因，生出健康宝宝呢?

首先得查查宝宝有没有不利基因。基因肉眼看不到，只能通过特殊的检测才能展现。现在基因组学及测序技术已经成熟，基因检测在遗传性出生缺陷的预防中可以发挥重要的作用。

通过怀孕前对父母异常基因进行筛查，可以发现不利基因，早期干预，从而预防出生缺陷，促进宝宝健康成长。

目前，在基因筛查中，对宝宝的染色体进行检测最为普遍和有效。染色体分为性染色体及常染色体，决定性别的性染色体不成对出现（如女孩的性染色体为XX，而男孩的性染色体为XY），常染色体都是成对出现的。由染色体数目的增加或减少导致的染色体非整倍体异常（如21三体综合征、18三体综合征、13三体综合征）是最常见的出生缺陷。如

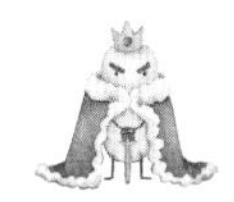

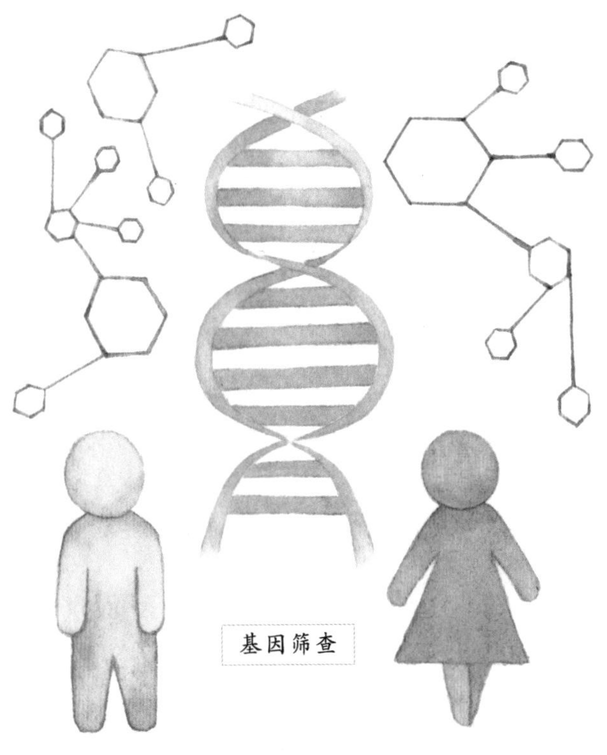

基因筛查

何得到胎儿的检测样本呢？胎儿会有微量血细胞进入妈妈血里，利用母亲血液中胎儿的mRNA可实现对胎儿染色体的非整倍体检测。

产前基因检测的应用前景

人的生命起始于受精卵，母亲体内的卵母细胞和父亲体内的精子相会，形成受精卵后，一个生命就开始了。有文献指出，基因组分析技术已成功地应用于人卵母细胞和早期胚胎发育的研究，北京大学乔杰、汤富酬和谢晓亮研究小组完成了对人单个卵母细胞的高精度全基因组测序，通过分析卵母细胞的两个极体细胞，推断获得卵母细胞本身的全部基因组信息。该技术能够准确地推断出卵母细胞中基因组的完整性，以及携带的遗传性致病基因的情况，从而选择出一个正常的、没有遗传缺陷的胚胎用于胚胎移植。该技术用于胚胎植入前遗传学诊断，能有效地减少母亲这边有遗传缺陷疾病家族史的先天性遗传缺陷婴儿的出生。

无论是身体缺陷还是精神缺陷，遗传因素都发挥着重要作用。出生缺陷不仅可导致生存患儿残疾，严重的还可引起胎儿、新生儿和婴儿死亡。随着基因组学的进展以及基因检测技术的飞速进步，更多的遗传性缺陷可以通过遗传生育指导、基因筛查及诊断等实现早期预防、早期干预，从而避免拥有不利基因的宝宝的出生，帮助更多宝宝健康成长。

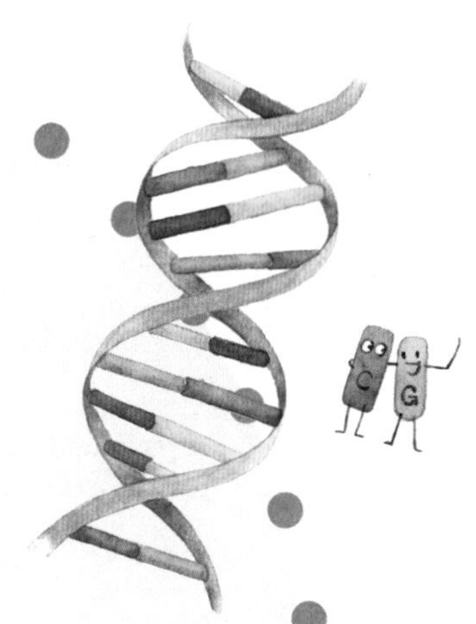

第八章 基因呵护秘籍

朱雪霏 许兴智

由 T、C、G、A 四种碱基组成的基因组承载着我们个体的基本遗传信息。在一代又一代的传承中，个体生殖细胞中的基因信息基本保持不变，确保了遗传物质的稳定性。在我们个体的发育和衰老过程中，各种内外源的因素都有可能对细胞的基因组 DNA 造成伤害，当细胞力图修复这些损伤的同时也可能引入错误，从而导致基因信息（T、C、G、A 本身或其结构或其周边微环境）发生改变，这些改变

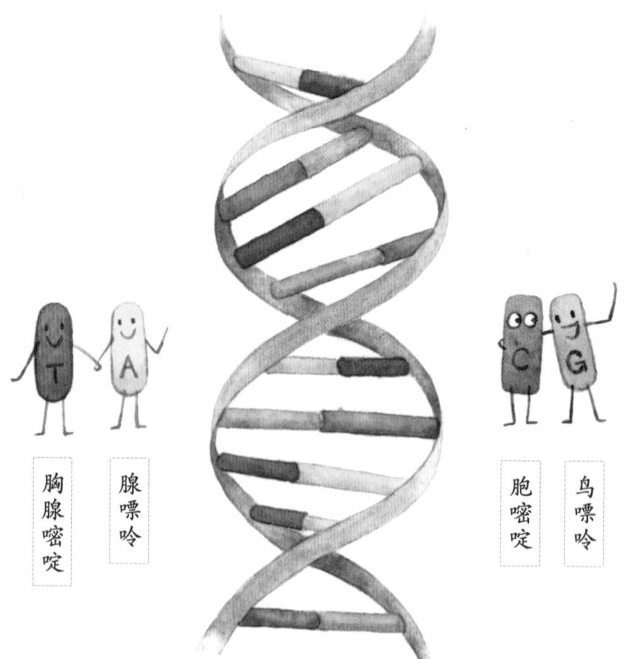

的积累最终会导致细胞基因组的不稳定和各种各样疾病的发生和发展。

其实，各种内外源的胁迫更多的不是改变基因的组成，而是改变基因的表达能力。这种没有改变基因序列但改变了基因功能并能遗传的现象，就是表观遗传。遗传是不可改变的事实，而表观遗传具有极大的可塑性。

基因表达的最终产物——蛋白质才是各种各样生命活动的真正执行者。这些蛋白质在成熟过程中及在执行各种生命活动的过程中会经历一系列的可逆性修饰，如在蛋白质的某个氨基酸残基上加个磷酸基团，即蛋白质的磷酸化修饰，从而赋予被修饰蛋白质新功能或改变其原有功能。

基因的表观遗传修饰和蛋白质的翻译后修饰都非常容易受到各种各样内外因素的攻击而发生改变。这些内外因素包括环境（生活的大环境和小环境）、生活习性和方式（饮食、睡眠、吸烟、饮酒等）和人格（心理和社交等）。这些改变的过度或异常积累最终导致疾病的发生和发展。即便是先天性遗传的缺陷，也可以通过主动的基因处理而得到预防或治疗。那么，人们如何才能呵护好自己的基因？下面我们从环境、生活习性和方式、人格和主动健康等方面一起来看一看。

健康生活和工作环境

经济的快速发展和工业化进程中产生的环境污染物广泛存在于大气、水源、土壤、灰尘和食物中。长期暴露于环境污染物，人体健康会出现重大隐患，增加多种疾病的患病风险，比如癌症、糖尿病和心血管疾病等。环境污染导致表观遗传的改变是相关疾病尤其是癌症发病的重要因素。细胞的表观遗传随其所处环境不同而不断发生变化，其中DNA的甲基化修饰可以随着细胞分裂稳定遗传，并且在某些情况下可跨代遗传。DNA甲基化修饰的异常与多种疾病相关，比如癌症、糖尿病和心血管疾病。在癌症中频现癌基因的低甲基化修饰和抑癌基因的高甲基化修饰。我们的生活与工作环境中的多种污染物可以通过表观遗传调控影响基因表达。

微量元素对DNA甲基化修饰的影响

镉元素是环境中广泛存在的一种污染物，主要产生于铜矿、锌矿及铅矿的精炼过程中，该元素半衰期较长并易于在动物的肝脏和肾脏中富集。镉元素可以通过调控DNA

农药
化肥
洗涤剂

甲基转移酶的活性改变DNA的甲基化状态，即改变遗传表现。环境中的铅元素主要来源于采矿、金属冶炼、汽车尾气及煤炭燃烧，对多种组织和器官可造成严重损伤。铅元素可以导致DNA甲基化水平的异常，大鼠实验显示，孕期中铅暴露致使胎鼠的生殖细胞DNA甲基化模式发生改变，并进一步导致新生孙辈血液中DNA甲基化水平异常。

此外还有其他微量元素可以对DNA甲基化产生影响，比如铬、汞、硒及砷等。

人体微环境

人体消化道中存在大量的共生微生物群落，数量多达10^{14}，包括大约5000个种属，多于宿主细胞的个数和种类。肠道微生物菌群的数量和多样性对于维持肠道和机体健康有重要意义。共生菌群的失调可以导致宿主的一系列疾病，比如肥胖或者易感炎性肠道疾病。肠道微生物菌群包含大量的有益共生体，有利于宿主的消化并提供多种营养物质。这些益生菌主要分四类，包括厚壁菌、拟杆菌、放线菌及变形菌。这些益生菌可以产生多种低分子量生物活性物质，参与表观遗传调控，比如叶酸、丁酸盐、生

叶酸，也称维生素B_9，在表观遗传调控中发挥重要作用。哺乳动物自身并不能合成叶酸，主要通过食物摄取，比如绿叶蔬菜、水果、谷物及动物肝脏等富含叶酸的食物，同时肠道微生物也可以产生大量叶酸等B族维生素。

丁酸盐是一种短链脂肪酸，可抑制血管生成并促进肿瘤细胞的死亡。

物素和醋酸盐。

研究表明，来自母体和新生期的营养可以通过调控肠道微生物及其代谢产物，对后代的表观基因组产生重要影响。胎儿的胃肠道处于无菌状态，肠道菌群的植入始于出生时所接触的母体菌群及整体外部环境，并受婴幼儿期饮食的重要影响，2 岁时肠道菌群基本确定并在此后整个生命过程中保持相对稳定。肠道中的优势菌群类型可以影响表观遗传组。母乳喂养的婴儿的肠道菌群主要为双歧杆菌，并在食用固体

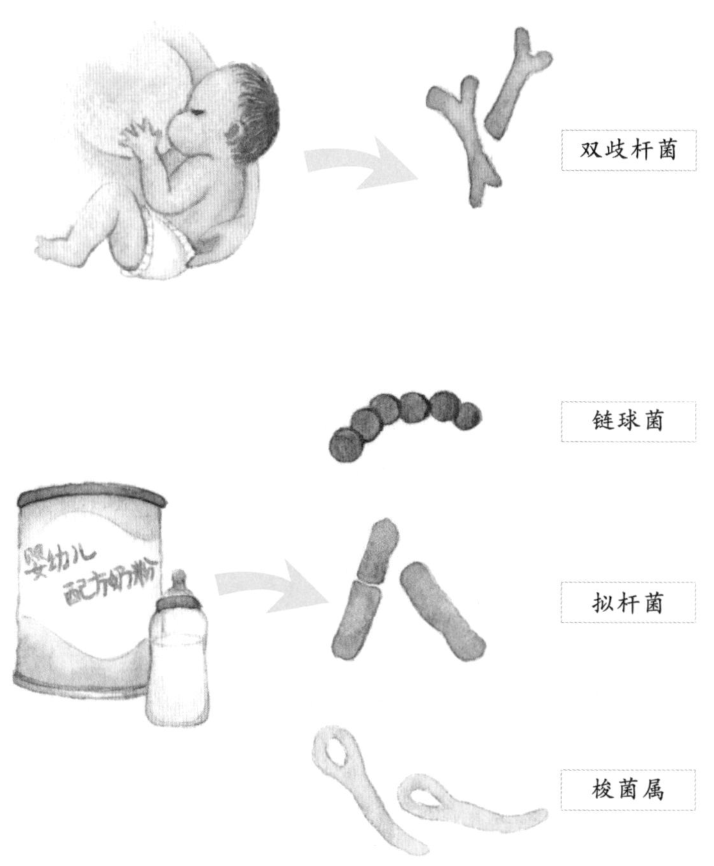

食物后引入多种微生物菌群；而配方奶粉喂养的婴儿的共生微生物除双歧杆菌外亦包含多种其他种属菌群，如链球菌、拟杆菌及梭菌属。

饮食可以影响肠道菌群的组成，饮食结构的改变可以导致菌群分布的不同以及相应代谢产物的改变。综合研究分析发现，膳食纤维摄入量与结肠癌发病率呈负相关。增加膳食纤维摄入可以增加粪便体积，稀释其中的致癌物质并促进排便，从而减少肠道上皮细胞暴露于毒素的时间。高纤维膳食中含有的大量植物化学组分可经肠道菌群代谢成短链脂肪酸、异硫氰酸盐、多酚衍生物，此类代谢产物可与人体肠道上皮细胞接触并通过影响表观遗传调控基因表达。

健康的生活习性和方式

生活方式中的多种因素（包括饮食、压力、运动、吸烟、饮酒及夜班等）都会对表观遗传产生影响。遗传背景及环境因素与生活方式一起决定了个体的健康状态。

健康饮食

膳食均衡对于维持机体健康有重要意义。高盐饮食可以增加高血压及心血管疾病的患病风险，目前已成为危害我国人体健康的重要因素。高糖与高脂饮食的直接后果即引发体重超标。超重（包括体重过重和肥胖）可以增加13种类型癌症及糖尿病的发病风险，2012年世界范围内所有新发成人癌症病例中，由肥胖引发的病例占比3.6%。目前超重在全球范围内呈上升趋势：2016年，大约有39%的成年男性和40%的成年女性处于超重状态；5—18岁未成年群体中，27%的男孩和24%的女孩处于肥胖状态。含糖饮料的大量饮用和久坐增加超重风险，流行病学调查研究显示高膳食纤维有助于维持健康体重。此外肠道菌群也可能影响肥胖的发生。肠道菌群和宿主间是共生关系，在宿主的健康和疾病发生中发挥关键作用。肠道菌群的稳态有益于宿主健康。肠道微环境失衡可导致肠道菌群失调，表现为益生菌的减少和致病菌的增加，以及整体微生物多样性的缺失。研究表明，饮食可以调节肠道菌群中两种主导菌——厚壁菌与拟杆菌的组成。比如，与西方儿童相比，高纤维饮食的非洲儿童粪便菌群中拟杆菌明显更多而厚壁菌更少。增加水果和蔬菜的摄入可以丰富肠道菌群，虽然上述报道都未经严格确认，但也可反映出膳食组成对肠道菌群的影响。

合理膳食对于维持机体健康有重要意义。建议多食用全谷物、蔬菜、水果和豆类；控制食用快餐和其他高脂、高淀粉及高糖的加工食品；少食高糖饮料；少食红肉及加工过的肉类，肉类长时间加热至180摄氏度以上会产生杂环胺类化合物，过度食用加工肉类可以增加患结肠癌、乳腺癌和胃癌的风险。

不要吸烟

烟草中含有多种有机及无机化学物质，其中多种具有致癌、促进炎症反应及促进动脉硬化的特性。吸烟是公认的肺癌发病的重要诱因，大量流行病学调查研究显示，吸烟同样可以增加其他癌症的患病风险，比如鼻咽癌、口腔癌、食道癌、胰腺癌、膀胱癌、胃癌、肝癌、结肠癌、宫颈癌和骨髓性白血病等。此外，吸烟还可以增加动脉粥样硬化症状。同时，被动吸入二手烟同样可以增加非吸烟者的肺癌患病风险。流行病学调查研究显示，有吸烟父母的儿童患下呼吸道疾病及哮喘的风险增加。

烟草烟雾中含有4000种化合物，其中包含多种致癌物质。尼古丁自身不是致癌物质，但它作为高度成瘾物质增加烟草中致癌物质与人体的接触。烟草烟雾中最严重的直接致癌物或间接经代谢产生致癌物的成分包括多环芳烃、亚硝胺、芳香胺、醛类、苯和丁二烯。此类物质可与DNA结合形成DNA加合物，最终导致染色质畸变及DNA突变。科学家在吸烟肺癌患者的肿瘤组织中，频繁发现癌基因和肿瘤抑制因子基因中发生DNA点突变。

除了直接造成基因损伤或修饰外，烟草烟雾中的活性组分还可以影响细胞的基本功能，比如DNA损伤应答，诱导氧化压力、凋亡及炎症反应等。

目前世界范围内有13亿烟民。中国、俄罗斯和印度尼西亚是男性吸烟极为流行的国家。仅2017年，全球范围内由吸烟引发的死亡病例估测为230万例，无论是主动吸入还是被动吸入二手烟草烟雾都对健康有严重危害，个人应避免各种形式的烟草使用。创造无烟家居环境并支持工作场所的禁烟条例对于保护大众健康有重要意义，受禁烟条例保护的人群已由2008年的4亿增长至2016年的15亿。

尽量控制饮酒

目前，过量饮酒已带来严重的社会问题，包括癌症和心脏病等慢性疾病以及车祸造成的伤亡。我国由酒精引发的癌症占比约为4.4%。酒精所带来的负面影响不仅限于饮酒者本身，还会伤及胎儿。孕妇酗酒可以造成胎儿出生后表现出胎儿酒精谱系障碍（FASD），症状包括外观异常、身材矮小、体重过轻、小头畸形、协调不佳、智力不足、行为异常以及听觉和视觉受损。酒精对人体的伤害不仅限于肝脏，同样危及脑部、心脏及免疫系统。长期大量饮酒可以导致癌症、慢性心脏病及神经精神系统疾病。

预防或减少感染

感染是世界范围内多种癌症的重要引发因素，尤其是对处于经济转型期的国家而言。每年由感染所引发的癌症在世界范围内新增癌症病例中占比15%，其中又有三分之二的病例发生在欠发达国家。在撒哈拉以南的非洲，每三例癌症病例中就有一例与感染相关。其中最重要的引发癌症的四种感染包括幽门螺旋杆菌、人类乳突病毒（HPV）、乙型肝炎病毒（HBV）和丙型肝炎病毒（HCV），此四种感染引发90%以上感染相关癌症。病毒感染引发的慢性炎症反应还可以进一步导致组蛋白的表观遗传修饰，以及多种肿瘤抑制基因的甲基化修饰异常。

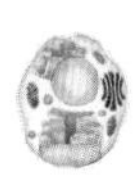

在世界范围内，在肝癌引发的死亡中，HBV 感染和 HCV 感染分别占比 56% 和 20%。其中 HBV 感染在欠发达国家中引发三分之二的肝癌病例，而 HCV 在发达国家中引发 44% 的肝癌病例。人类免疫缺陷病毒（HIV）也会由于免疫抑制间接引发相关癌症。

HPV 和 HBV 疫苗是阻止相应癌症的有效手段。估测全球范围内目前有 2 亿多 HBV 感染者。HBV 可造成每年 90 万例死亡，其中包括 30 万例肝细胞性癌症（HCC）患者。慢性 HBV 感染可导致 HCC，其中生产过程或儿童时期的慢性感染危害最大。HBV 疫苗可以有效防止慢性传染及其引发的肝硬化和 HCC。至 2017 年，186 个国家已经引入 HBV 疫苗，并覆盖全球范围内 84% 的儿童。为防止母婴传播，婴儿第一

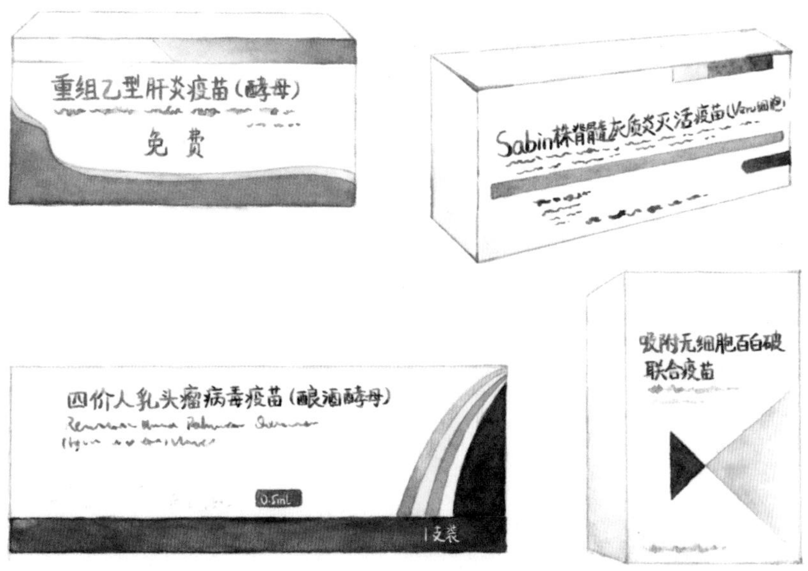

各种疫苗

次接种应该在出生后24小时以内。HPV感染每年可引发63万例癌症，其中83%为宫颈癌。HPV疫苗接种结合早期筛查可以有效预防宫颈癌的发生。HPV疫苗可有效预防16型、18型及其他5种类型的HPV病毒感染，此7类HPV病毒引发90%以上的宫颈癌。卢旺达作为宫颈癌高发国家，已经实现98%以上的HPV疫苗接种率。

健康的人格

关于癌症发生与心理因素的关系目前尚不明确，但长期精神萎靡、处于负面情绪中，确实可能带来一系列健康问题，比如睡眠不好的问题，影响食欲，削弱机体免疫力，有可能间接增加癌症风险。在众多心理社会因素中，乐观的性格与健康的关系表现最显著，也最一致。多项流行病学调查研究显示，乐观的人格可以降低中年女性患冠状动脉粥样硬化和老年人中风及患冠心病等多项慢性疾病的风险。研究人员推测，乐观的性格有助于健康目标的实现和健康生活方式的进行，有益于机体健康及长寿。健康的性格有 25% 来自遗传，同时受周围社会因素的影响，并且可以自我养成。

运动人生

流行病学调查研究显示，运动可以显著降低结肠癌和女性子宫内膜癌及乳腺癌的患病风险，而久坐不动的生活习惯则增加结肠癌及乳腺癌的患病风险。运动与癌症发病风险之间的关系目前并不十分明确，但其中重要原因可能是运动可以维持健康的体重水平，此外运动还可以维持良好的情绪和精神状态。有研究显示，运动有助于维持胰岛素水平的稳定，可以降低女性的雌激素水平，而雌激素水平过高会增加乳腺癌患病风险。同时运动与久坐的生活方式对免疫系统、表观遗传及肠道微生物的影响也得到了广泛研究，但目前并没有确切的结论。

主动健康

定期体检和疫苗接种对于维持健康的体格和预防癌症的发生发展有重要意义。尤其对于有典型家族特定类型疾病史或处于高危工作生活环境的个体，定期体检、进行疾病或缺陷基因筛查并进行有效医疗手段干预可以有效防止相关疾病的发生。

HBV 感染可以引起急性或慢性肝脏疾病，致使携带者变为肝硬化和肝癌高危病群。据世界卫生组织估测，2015 年已有大于 2 亿 5 千万例的慢性 HBV 感染病例，并导致大约 88 万 7000 例肝硬化或肝癌死亡病例。分娩时的母婴传播是 HBV 最常见的传播方式，此外还可以通过血液和体液进行传播。HBV 疫苗对 HBV 的预防率高达 98%—100%，开展 HBV 疫苗接种可以有效防止 HBV 感染。

宫颈癌是第二大女性高发癌症，每年大约新增 53 万例病患，2018 年全球有大约 31 万名女性死于宫颈癌，其中 85% 以上发生于中低收入国家。宫颈细胞的癌变过程一般要持续 3 至 7 年，开展常规宫颈癌筛查和 HPV 检测可以有效防止宫颈癌的发生发展。21 至 29 岁女性建议每 3 年进行一次宫颈细胞检测，30 至 65 岁女性建议每 5 年进行一次宫颈细胞检测和 HPV 检测。HPV 类型有上百种，其中至少 14 类可以引发癌症，70% 的宫颈癌和癌前宫颈损伤病例都是由 HPV16 型和 18 型引发，进行 HPV 疫苗接种可以有效预防相关癌症的发生。

结肠癌多发病于 50 岁以上的人群，并且基本始于癌前肠息肉。50 至 75 岁人士定期筛查可以发现息肉或早期病变，并及时开展治疗。有炎症性肠道疾病、家族结肠癌或息肉病史的人士更应提早检测。

总之，在一个健康的环境中，健康的人格和生活方式将延缓你的基因衰老并让你拥有健康人生。